少年科学院

GUANYU SHUZI NI YAO ZHIDAO DE 100 JIAN SHI

关于数字，
你要知道的
100件事

英国尤斯伯恩出版公司　编著

谢　沐　译

接力出版社
Publishing House

这本书里有什么？

这本书将带你了解从古至今人类对数字、计算机和编码系统的运用和发展。

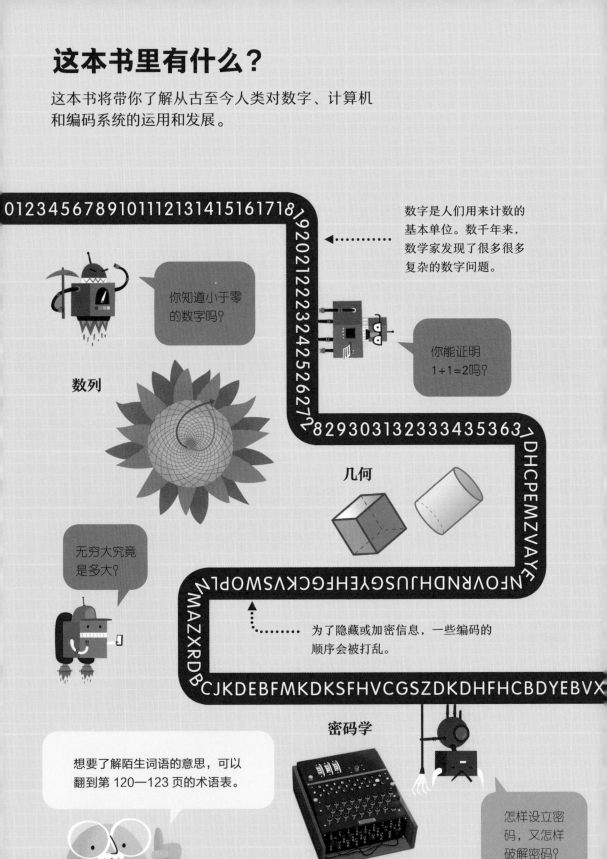

数字是人们用来计数的基本单位。数千年来，数学家发现了很多很多复杂的数字问题。

你知道小于零的数字吗？

你能证明1+1=2吗？

数列

几何

无穷大究竟是多大？

为了隐藏或加密信息，一些编码的顺序会被打乱。

密码学

想要了解陌生词语的意思，可以翻到第120—123页的术语表。

怎样设立密码，又怎样破解密码？

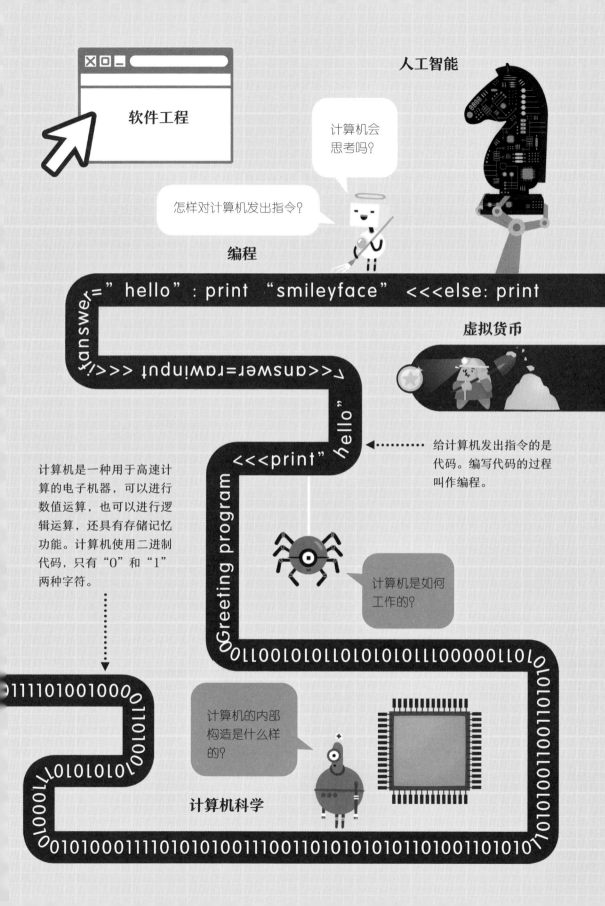

1 01001000 01101001 这组数，

在计算机语言里代表"Hi"（你好）。

计算机使用的是一种叫作机器指令码的语言，这种语言由
数字 0 和 1 组成。

在每台计算机内
部，至少有一个
存储芯片。

一个存储芯片里有数百万个"开关"，
这些"开关"叫作晶体管。晶体管中
存储着计算机的所有信息，这些信息
我们称之为数据。

晶体管只有
两种状态：

开，即有电流通过，
用1表示。

关，即没有电
流通过，用0
表示。

01101001

一个 1 或 0 叫作 1 个比特。一连串的 0 和 1 组成了二进制代码。二进制
代码是一组指令，可以告诉计算机该做什么。

01001000

在二进制代码中，每个字母
都会被转化成 8 个比特。比
如，"H"就是01001000，"i"
就是 01101001。

Hi

01101001

01001000

H

2 想要精通计算机，

你需要掌握 8,000 多种编程语言。

人类想要读写机器码，实在是太难了，所以，计算机科学家创造出了编程语言来编写指令。多数程序员都会不止一种编程语言，但没有人通晓所有的编程语言。

一系列计算机指令的有序组合构成了程序。不同的编程语言，适用于编写不同的程序。

新的编程语言还在不断地出现。这里只列举了不同历史时期的几种语言。

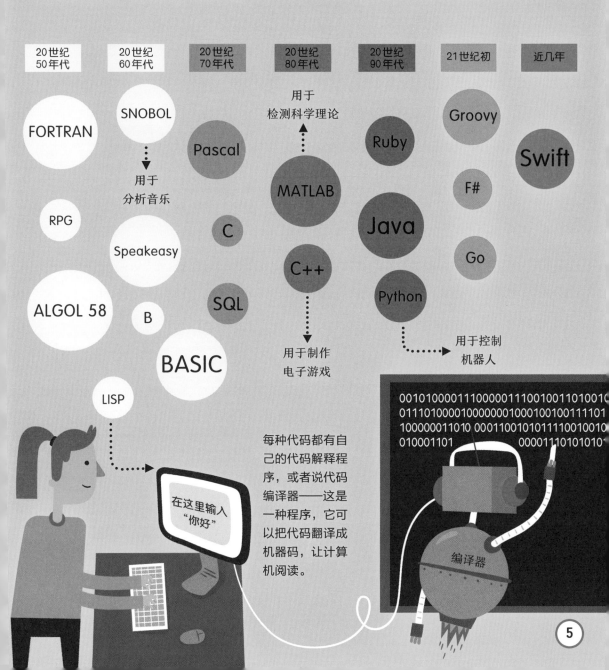

| 20世纪50年代 | 20世纪60年代 | 20世纪70年代 | 20世纪80年代 | 20世纪90年代 | 21世纪初 | 近几年 |

FORTRAN

SNOBOL

↓ 用于分析音乐

Pascal

用于检测科学理论

Groovy

Ruby

Swift

RPG

Speakeasy

C

MATLAB

Java

F#

ALGOL 58

B

SQL

C++

Python

Go

BASIC

用于制作电子游戏

用于控制机器人

LISP

在这里输入"你好"

每种代码都有自己的代码解释程序，或者说代码编译器——这是一种程序，它可以把代码翻译成机器码，让计算机阅读。

编译器

3 第一台现代计算机的诞生……

是一个军事机密。

1946 年，全世界的报纸都在报道这样一则消息：两位来自美国费城的工程师制造了一台新型机器，并将它称作计算机。记者们不知道的是，早在第二次世界大战期间，军事间谍就已经开始使用计算机了。

每日新闻

1946 年 2 月 15 日 星期五

重达 30 吨的"电子大脑"问世

电子数字积分计算机——"埃尼阿克"（ENIAC）

工程师埃克特、莫克利及其"莫尔小组"的成员创造了这台划时代的机器。

创造团队称："这台数学机器人的运算速度惊人，科学家终于能从繁杂的计算工作中解脱出来了。"

这台计算机的功能已经非常全面了。它可以——

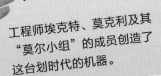

- 存储信息，也叫作存储数据；

- 完成一系列指令，即程序，通过这些程序来处理数据；

- 运行程序，生成新的数据；

ENIAC 可以完成极其复杂的计算，比如精确地计算出导弹升空后的着陆点。

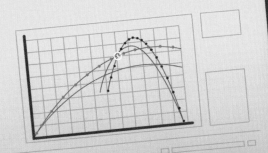

1976 年 6 月 30 日　星期三

首台计算机其实并非首台

20 世纪 70 年代，人们发现计算机在第二次世界大战期间就已经投入使用了。

英国情报部门从 1943 年开始，就使用一台叫作"巨人"的机器破译德军的情报。第二次世界大战结束后，"巨人"还被用于破译苏联的机密。直到 1971 年，这个秘密才被公之于众。

梅塞施米特 Me262 设计图

工程师在操作"巨人"计算机Ⅱ

1941 年，德国工程师康拉德·楚泽设计了一台名为 Z3 的机器，这台机器可以协助航空工程师进行复杂的运算（比如上面的飞机设计图）。1943 年，Z3 被导弹炸毁。次年，Z4 制造完成，战后被卖给一家瑞士公司。

4　计算机的发明……

属于下面每一个人。

1937 年，物理学教授阿塔那索夫设计出电子计算机的基本原理和结构，但是没有申请专利保护。1941 年，莫奇利窃取了他的研究成果，并申请了专利。后来，莫奇利被告上法庭。从 1971 年开庭到 1973 年终审，两人打了一场美国历史上耗时最久的知识产权官司。

最后法庭宣判，莫奇利的专利无效，计算机的专利不属于任何个人或公司。这一判决极大地促进了计算机行业的发展，因为生产计算机就不需要支付昂贵的专利费了。

今天，大多数研究计算机发展史的人认为，计算机的创意始于 20 世纪 30 年代，属于两位数学家：冯·诺依曼和图灵。

阿塔那索夫（美国人）

冯·诺依曼（美籍匈牙利人）

图灵（英国人）

5 网络不在云端，

而在海底。

我们脑海中的互联网是一个看不见、摸不着的东西，但其实它是有实体的。互联网是一个巨大的、错综复杂的网络，通过海底光缆将全世界的计算机连接起来。几千千米长的海底光缆铺设在大海深处的海床上。

将光缆放在海底光缆敷设船上，然后船慢慢开动，将光缆铺设到海底。

世界上任意两台计算机都可以通过这些光缆传输信息。

地图上标出的这些线条显示了海底光缆的位置。

互联网可以被看成是一张由光缆组成的网，它连接了计算机、服务器和手机等设备。

铺设海底光缆并非一劳永逸，它们每周都会出点问题。有时是因为老化，有时是被偷走了，有时是被鲨鱼咬断了。

科学家也不明白，为什么鲨鱼那么喜欢咬光缆。一旦光缆被咬断，就会造成大面积的国际网络传输延缓或中断。

如果光缆断了一根，那么原本经由这条光缆传输的信息就需要通过其他路径来传输，耗费的时间会变长。

8 在中国是一个受欢迎的数字，

不管你说的是普通话还是粤语。

数字8，用汉字书写是这样的。

普通话读作bā。粤语读作baat。

无论是在普通话还是粤语中，数字 8 的读音听起来都和"发"相近，让人想到"发财""发展"等寓意美好的词。因此，8 获得了许多人的喜爱。

在 2008 年 8 月 8 日这一天，奥运会在北京开幕。这些数字寄托着人们美好的期待。

那一天，中国有 300,000 对新人登记结婚。

在中国，人们为了得到由一连串的 8 组成的车牌，不惜花费重金。

含有 8 的电话号码也格外值钱。

我的电话是080-8888888。

第 8 层楼的房价也往往是最高的。

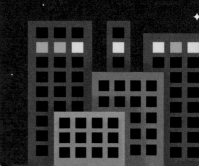

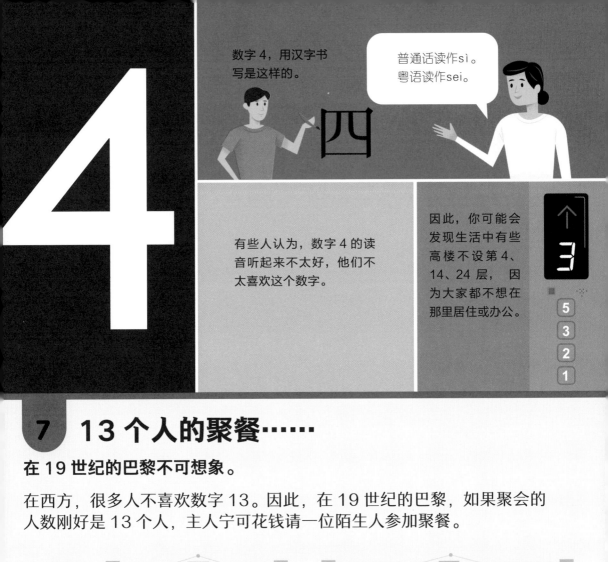

数字 4，用汉字书写是这样的。

普通话读作sì。
粤语读作sei。

四

有些人认为，数字 4 的读音听起来不太好，他们不太喜欢这个数字。

因此，你可能会发现生活中有些高楼不设第 4、14、24 层，因为大家都不想在那里居住或办公。

7 13 个人的聚餐……

在 19 世纪的巴黎不可想象。

在西方，很多人不喜欢数字 13。因此，在 19 世纪的巴黎，如果聚会的人数刚好是 13 个人，主人宁可花钱请一位陌生人参加聚餐。

这位客人在法语里被称作"quatorizième"，意思是第 14 个人。

13 之所以不被人喜欢，大概跟《最后的晚餐》这个故事有关。

8 时间从 1980 年开始，

如果按照 GPS（全球定位系统）时间来算。

全球定位系统需要依靠太空中的卫星来进行定位。这些卫星配备了高精度的时钟，它们有自己独特的计时方式，以这种方式表示的时间叫作 GPS 时间。

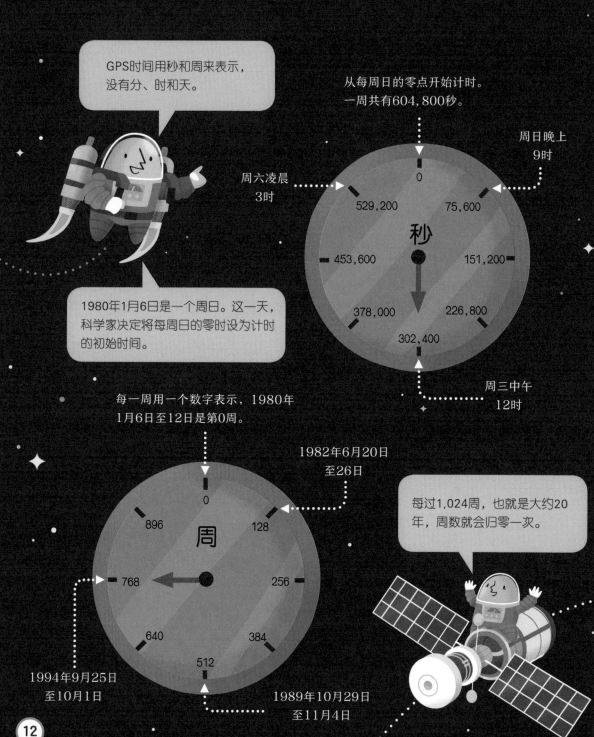

GPS时间用秒和周来表示，没有分、时和天。

从每周日的零点开始计时。一周共有604,800秒。

周日晚上9时

周六凌晨3时

秒

529,200	75,600
453,600	151,200
378,000	226,800
0	302,400

1980年1月6日是一个周日。这一天，科学家决定将每周日的零时设为计时的初始时间。

周三中午12时

每一周用一个数字表示，1980年1月6日至12日是第0周。

1982年6月20日至26日

每过1,024周，也就是大约20年，周数就会归零一次。

周

896	128
768	256
640	384
0	512

1994年9月25日至10月1日

1989年10月29日至11月4日

现代时钟的发明……

是基于古埃及人的计时方式。

对古埃及人来说，12 是个非常重要的数字。他们不仅计数用 12 进制，计时也用 12 进制。

古埃及天文学家观测到，月亮一年内有 12 次盈亏。

他们还发现，在一年中特定的时间，有 12 颗星星会按固定的时间间隔升起，所以他们将夜晚也分为 12 份。

目前已知最早的埃及日晷制作于 3,500 年前，这个日晷将白天分成了 12 份。

白天，木棒的影子依次投射到 12 个格子里。这 12 个格子分别代表 12 个小时。

古埃及人制作了一种水钟，在水钟内标注了 12 条刻度线。水不断滴落，刻度线逐渐显现出来。当新的刻度线显现时，说明 1 小时已经过去了。

我们使用的 24 小时制，就是从古埃及流传过来的。埃及人将白天和黑夜各分为 12 个小时。

10 首个双人计算机游戏……

是网球对战。

1958 年，在布鲁克海文国家实验室的参观日，人们排起了长队，只为了试玩"双人网球"游戏。这是史上第一个可以供双人对战的计算机游戏。

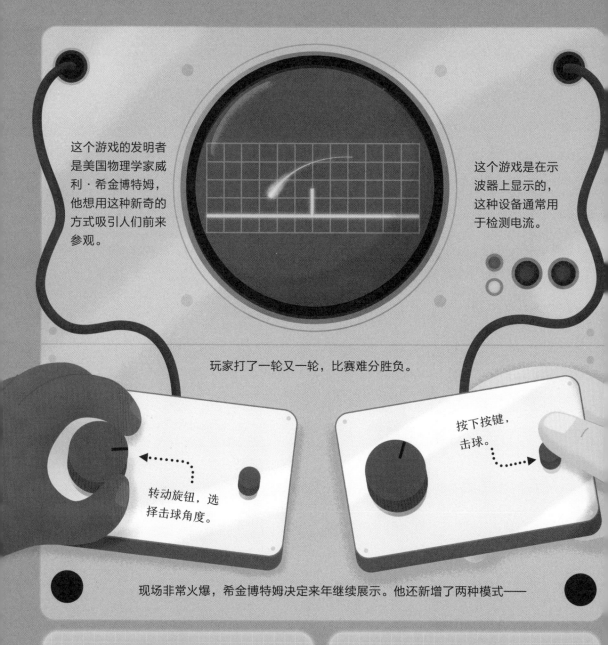

这个游戏的发明者是美国物理学家威利·希金博特姆，他想用这种新奇的方式吸引人们前来参观。

这个游戏是在示波器上显示的，这种设备通常用于检测电流。

玩家打了一轮又一轮，比赛难分胜负。

转动旋钮，选择击球角度。

按下按键，击球。

现场非常火爆，希金博特姆决定来年继续展示。他还新增了两种模式——

月球模式

玩家可以将游戏设置成慢动作，让网球变得更轻，就像是在重力较弱的月球上打球一样。

木星模式

玩家也可以设成加速，让网球变得更重，像是在重力更强的木星上打球一样。

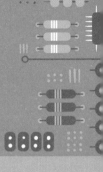

11 创建人工智能，

有两种模式。

在计算机科学领域，最大的挑战就是让机器拥有智能，使其可以像人类一样思考和学习。一些专家认为，这个难关马上就要攻克了，具体方式有两种。

第1种：靠硬件

硬件指的是计算机中的电子和物理组件。

硬件工程师已经创建了电子"脑细胞"。

目前已经合成的电子"脑细胞"可以模拟昆虫大脑的部分功能，但想要模拟人的大脑，则需要850亿个这样的电子"脑细胞"。

第2种：靠软件

软件指的是对计算机发出指令的程序。

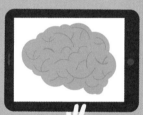

软件工程师通过编写一系列代码，让计算机的运转方式接近人脑。

但难点在于，谁也不知道人脑是怎么运转的，就更别说把它写成代码了。

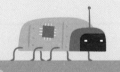

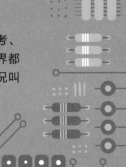

技术也有隐患

许多计算机专家担心，一旦制作出比人类更善于思考、行动力也强于人类的机器，哪怕再怎么防范，世界都会发生天翻地覆的改变。他们把这种颠覆性的情况叫作技术奇点。

12 全世界网民的数量……

比用得上抽水马桶的人数还要多。

截至 2017 年——

全世界共有 76 亿人。

能用上电的大约有 60 亿人。

能用上互联网的
大约有 35 亿人。

超过 50 亿人拥有手机。

能用上抽水马桶的只有
不到 30 亿人。

1995 年, 只有 1,600 万人能使用互联网, 占人口总数的 0.04%。
现在, 仅仅过了 20 多年, 全球网民数量已达到 35 亿, 占到人
口总数的将近一半。

雪崩最容易发生在……

坡度为 38 度的山坡。

冬天，积雪覆盖在山坡上。在坡度较缓的区域，爬山或者滑雪都比较安全。
但当坡度达到 38 度时，积雪非常容易滑落，进而形成雪崩。

坡度大于 38 度时，松散的雪块会迅速滑落，难以堆积起来形成雪崩。这种雪叫作小滑雪。

坡度小于 38 度时，雪会层层堆积起来，不容易滑落。

75% 的雪崩发生在坡度为 34—45 度的山坡上。其中，38 度的山坡最常发生雪崩。

38°

14 来自太空的数字……

能帮你准确定位。

智能手机和全球定位系统可以准确地定位一个人的位置。它们使用的是卫星定位技术。

① 定位卫星围绕地球运转，不断地以光速向地球发送信号。

② 信号中包含被编码的数字。

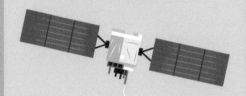

这组数字显示了信号发送的准确时间。

这组数字代表的是信号发送时卫星所在的准确位置。

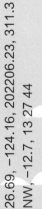
323827707.004303

26.69, −124.16, 202206.23, 311.3
NW, −12.7, 13 27 44

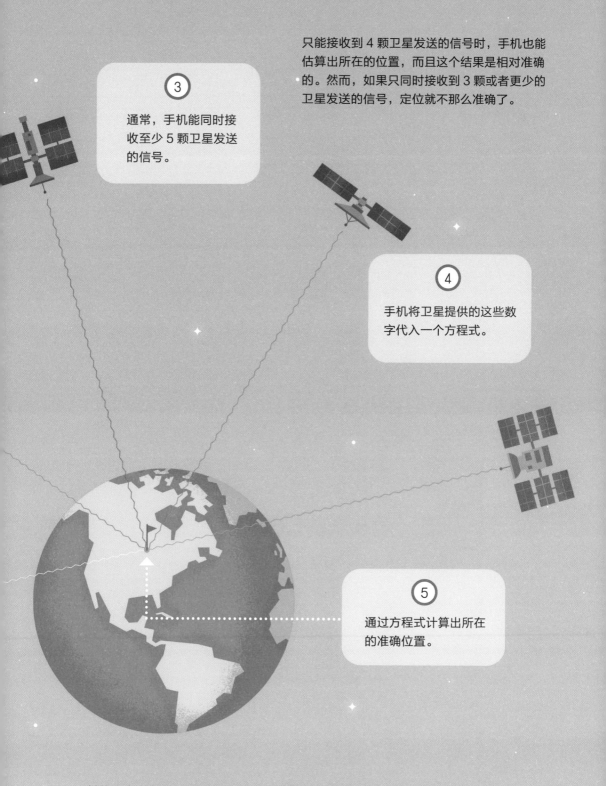

只能接收到 4 颗卫星发送的信号时，手机也能估算出所在的位置，而且这个结果是相对准确的。然而，如果只同时接收到 3 颗或者更少的卫星发送的信号，定位就不那么准确了。

③

通常，手机能同时接收至少 5 颗卫星发送的信号。

④

手机将卫星提供的这些数字代入一个方程式。

⑤

通过方程式计算出所在的准确位置。

其他人也可以通过手机上的 GPS 获知机主所在的位置，警察有时就会用这种方法来寻找嫌疑人或失踪人员。

15 五维空间……

其实离我们很近。

我们看到的世界是三维的，但数学家会运用四维、五维甚至更多的维度来描述世界，比如物体移动的轨迹。但至今没有人能够证明，五维在现实世界是真实存在的。

一维空间只有一个维度——长度，没有宽度和高度。

二维空间是指由长和宽两种维度组成的平面空间，可以在纸上画出来。

三维空间有三个维度——长、宽、高。

科学家将时间看作另一个维度。

三维的物体在一段时间内移动，可以表现出四维的样子。

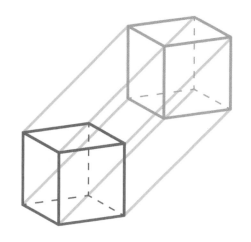

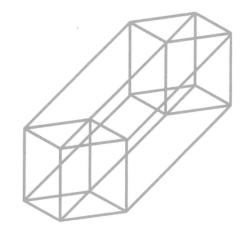

这张图显示了立方体在空间中的移动。

立方体移动形成的图形叫作超立方体，这是用图形来展现的四维空间。

在数学领域，关于五维的方程式经常出现，但直到现在，人们还没有真正搞明白五维。

弦理论是理论物理学的一个分支，科学家在研究弦理论的时候，认为宇宙可能有不止五个维度。如果确实存在更多的维度，这将导致引力波可以沿着任何维度运动。

2015 年，科学家首次发现了引力波。

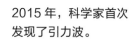

引力波是做加速运动的物质所发出的，以光速传递的引力辐射。两个演化到末期的星体（中子星）以螺旋状运动轨迹相互靠近时，就会产生引力波。

也许我们很快就能找到五维空间存在的证据了。

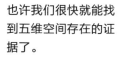

16 如果 R_e 大于 1，

传染病暴发的概率就会激增。

某地区某病在短时间内发病人数突然增多的现象叫作传染病暴发。有效传播数（effective reproductive number）写作 R_e，这个数值用来衡量随着时间推移，病原体的传播率。专家会根据 R_e 的值来确定疾病的防控方案。

假设一个班有 20 名学生，其中 2 名感染了
病毒，且所有人都没有打过疫苗。　·······▶　一周后，又有 4 名学生感染了病毒。

R_e 指的是平均一名感染者传染的人数。比如，在右边
的公式里：

新感染的学生
$$R_e = 4 \div 2 = 2$$
之前感染的学生

如果 R_e 的值大于 1，说明感染人数会
越来越多。

如果 R_e 的值小于 1，说明
传染情况有所缓解。

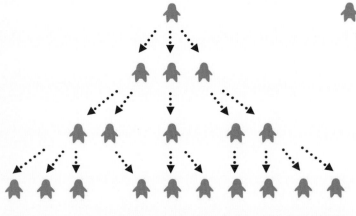

能使身体对病毒产生免疫的物质叫作疫苗。通过研究这些传染数据，
疾病防控部门能够及时让人们接种疫苗，防止传染病的大暴发。

17 病毒视频传播的速度……

要远远快于传染病。

病毒视频是指在互联网上大面积传播的视频片段。之所以把它们叫作"病毒视频"，是因为只要有人分享，就会被新的人看到，就像传染病暴发一样。

下面列举了一些传播速度极快的病毒视频，以发布后 24 小时之内的观看量为依据。

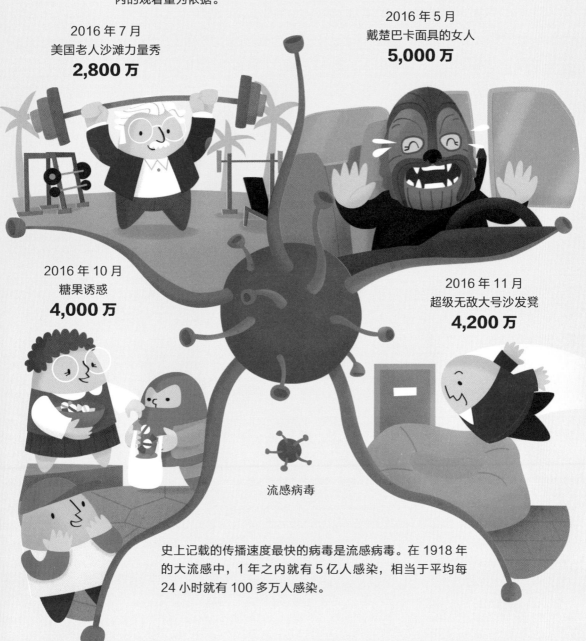

2016 年 7 月
美国老人沙滩力量秀
2,800 万

2016 年 5 月
戴楚巴卡面具的女人
5,000 万

2016 年 10 月
糖果诱惑
4,000 万

2016 年 11 月
超级无敌大号沙发凳
4,200 万

流感病毒

史上记载的传播速度最快的病毒是流感病毒。在 1918 年的大流感中，1 年之内就有 5 亿人感染，相当于平均每 24 小时就有 100 多万人感染。

23

18 遇到紧急情况，请拨打 110，

或 999、911、112……

紧急求救电话通常都简短好记。

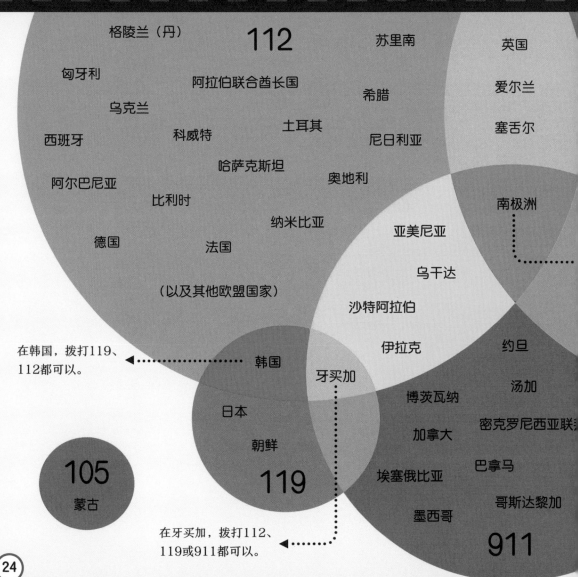

格陵兰（丹）
112
苏里南
英国

匈牙利
阿拉伯联合酋长国
希腊
爱尔兰

乌克兰
塞舌尔

西班牙
科威特
土耳其

哈萨克斯坦
尼日利亚

阿尔巴尼亚
奥地利
南极洲

比利时

德国
法国
纳米比亚
亚美尼亚

（以及其他欧盟国家）
乌干达

沙特阿拉伯

伊拉克
约旦

在韩国，拨打119、
112都可以。
韩国
牙买加
汤加

博茨瓦纳

日本
密克罗尼西亚联邦

加拿大

105
朝鲜
巴拿马

蒙古
119
埃塞俄比亚

哥斯达黎加

墨西哥

在牙买加，拨打112、
119或911都可以。
911

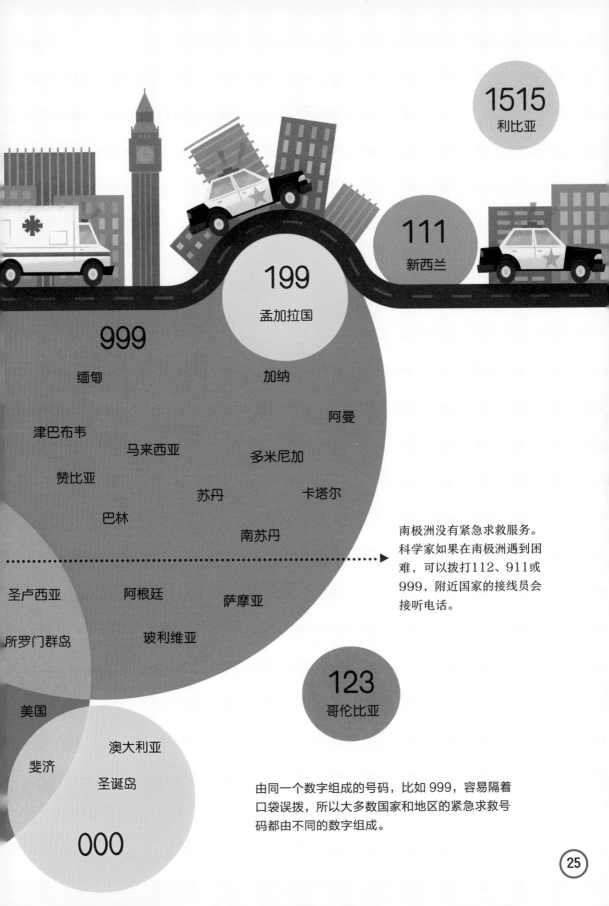

1515
利比亚

111
新西兰

199
孟加拉国

999
缅甸

加纳

阿曼

津巴布韦

马来西亚

多米尼加

赞比亚

苏丹

卡塔尔

巴林

南苏丹

南极洲没有紧急求救服务。科学家如果在南极洲遇到困难，可以拨打112、911或999，附近国家的接线员会接听电话。

圣卢西亚

阿根廷

萨摩亚

所罗门群岛

玻利维亚

美国

123
哥伦比亚

斐济

澳大利亚

圣诞岛

由同一个数字组成的号码，比如999，容易隔着口袋误拨，所以大多数国家和地区的紧急求救号码都由不同的数字组成。

000

19 海螺壳的形状······

展现了一个完美的数列。

许多海洋贝类的壳是螺旋形的，这种形状可以用特定边长的正方形按一定规律排列出来。

这就是斐波那契数列：1，1，2，3，5，8，13，21，34，55…

在斐波那契数列中，从第三项开始，后面的数字等于它前面的 2 个数字之和。

1 + 1 = 2   1 + 2 = 3   2 + 3 = 5   3 + 5 = 8   5 + 8 = 13

把这些数列想象成一个个正方形。

每一个新正方形的边长，都等于前面两个正方形的边长之和。

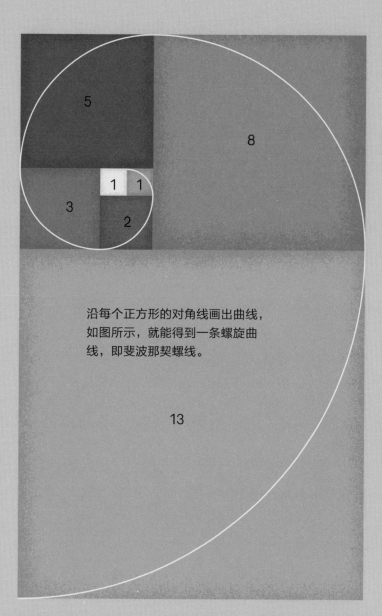

沿每个正方形的对角线画出曲线，如图所示，就能得到一条螺旋曲线，即斐波那契螺线。

在自然界中，经常可以找到斐波那契数列的影子，比如贝壳、羚羊角、向日葵花盘、松果和菠萝。

菠萝上的纹路形成了一条条斜线。从红线所示方向看，菠萝被分成了 8 个部分；从白线所示方向看，菠萝被分成了 13 个部分。

8 和 13 是斐波那契数列中的两个相邻数字。松果上也有类似的纹路。

20 数列百科全书中······

至少记录了 300,000 个数列条目。

数列是指以特定规律排列的一组数字。每当有人发现新的数列,就会把它提交给数列百科全书,对它进行检测和登记。

百科全书中的数列仅包含整数数列。编号为 A000027 的数列是基本整数数列:1, 2, 3, 4, 5, 6, 7, 8, 9, 10⋯

每组得到百科全书认可的数列都有一个编号。百科全书中收录的数列并非都具有数学上的规律,比如 A145330 号数列中包含的数字:
1, 5, 4, 3, 2, 8, 5, 4, 3, 2, 8, 5, 4, 3, 4, 2,
是在手机键盘上弹奏《星球大战》主题曲的顺序。

A116448 号数列中包含的数字:
88, 225, 365, 687, 4333, 10756, 30707, 60223,
代表的是太阳系不同行星公转一周的天数。

A000040 号是著名的质数数列:
2, 3, 5, 7, 11, 13, 17, 19, 23⋯这个数列中的数字,只能被它本身和 1 整除。

对数学家来说,找到从一个质数到下一个质数的规律,是个巨大的难题。

21 数并不存在，

是这样吗？

上千年来，人们一直在争论，数究竟是不是真实存在的。

一些哲学家认为，数看不到，摸不着，因此是不存在的。

> 你可以拿着2个苹果，但你没法拿着2这个数。

古希腊哲学家柏拉图认为，实体是存在于现实世界的……

> 数存在于理念世界，超越了时间与空间。

现实世界

苹果

建筑

花瓶　花　柏拉图

理念世界

3320
5583
11
2
356　567
49
99967

柏拉图的学生亚里士多德认为，数只是我们脑海中的抽象概念。

888　9
4
31　19
7262

> 一旦我们的大脑停止思考数，数也就不存在了。

后世的哲学家和科学家们并不同意这个观点。

> 数可以用来描述一些事物，比如物体下落的速度。虽然人们看不到这个速度，但物体仍然在下落。

重力加速度 (g) = 9.8 m/s²
时间 (t) = 2 s
速度 (v) = gt = 19.6 m/s

> 因此数是真实存在的。

22 "我是爬行者，有本事就抓住我。"

首例计算机病毒这样说。

计算机病毒是一组程序代码，可以不经过他人的允许就侵入他人的计算机。
目前，绝大多数计算机病毒都是以破坏计算机功能为目的，但第一例计算机病毒的诞生是为了测试新型计算机代码。

1971年，程序员鲍勃·托马斯写了一个程序，取名为爬行者。然后，他把爬行者上传到了阿帕网上，这是美国的一个网络，由28台计算机组成。

爬行者每"跳"到一台计算机上，

托马斯想知道爬行者能否从一台计算机"跳"到另一台计算机上。这种病毒就是今天我们所说的爬虫。

23 依靠光，

或许能大大提高数据传播的速度。

在计算机内部，数据通过铜线传输时，会产生一股小粒子流，也叫电流。科学家正在寻找用光在芯片间传输数据的方法，如果能够成功，信息的传播效率将大大提高。

铜线

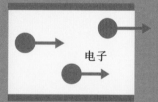

电子

光子

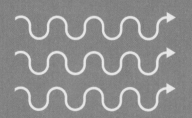

光源

目前，电子携带的数据通过电线传输的速度只有光速的一半，甚至不到一半。

光由一种被称为光子的微小粒子组成。电子有质量，但是光子没有，因此传输时没有阻力。

光子所能携带的信息是电子的20倍。光子传输时消耗的能量少，速度接近光速。

我是爬行者，有本事就抓住我。

会在屏幕上留下一句话：

作为回应，程序员雷·汤姆林森写了一个杀毒程序，取名收割者。这个程序也可以在计算机之间跳跃，一旦发现爬行者，就会将其删除。

科学家是这样设想的——

光转换器

光缆

芯片

光转换器可以转换光的方向，这样光就可以像电线中的电子那样往前跑，不怕撞到边边角角上了。

中空玻璃丝 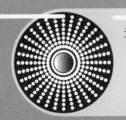 光缆

数据在中空玻璃丝内，通过空气在光缆内传播。

24 计算机能用三原色……

组合出超过 1,600 万种颜色。

计算机屏幕上的图像是由许许多多的小方格组成的，这些小方格叫作像素。计算机将不同亮度的三原色——红、绿、蓝叠加，并填充进每个像素中形成图像。计算机能叠加组成的颜色远远多于人眼所能辨识的颜色。

计算机的调色板中有
3 种颜色

红　绿　蓝

每种颜色有
256 级亮度

三种颜色按不同的亮度叠加，可以组成 256×256×256 种颜色，也就是——

16,777,216 种

生物学家估计，人眼大概只能识别 10,000,000 种颜色。

这就意味着，如果两个相邻色块所填充的三原色稍有不同，人眼是无法分辨出来的。

所以在我们看来，色块都是相互连接的，屏幕上并不会出现空白的地方。

25 数字变字母，

让科学运算更简单。

有些数值，比如光传播的速度，在科学运算中非常重要，经常会被用到。为了省时省力，科学家选用了不同的字母来代替这些数值。

字母 g 表示地面附近物体的重力加速度。重力是物体由于地球的吸引而受到的力，重力会使运动物体产生重力加速度，单位是米/秒^2。

$$g = 9.8 \text{ 米/秒}^2$$

不管多大的圆，用周长除以直径，永远会得到一个固定的值：3.14159265358979323846…

这些数字一直延续下去，没有任何规律，也没办法写成一个简单的分数，所以人们用 **π** 来代替它。**π** 是一个希腊字母，因为希腊文的"周长"是用这个字母打头的。

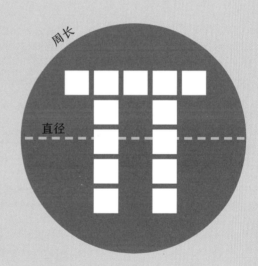

周长

直径

字母 c 表示光速。

它是拉丁文"速度"（*celeritas*）的首字母。

$$c = 299{,}792{,}458 \text{ 米/秒}$$

模糊逻辑……

能够做出松软的米饭。

模糊逻辑是一种独特的代码模式，它能够使计算机像人一样做决定。预测地震、维护地铁系统，甚至做出一锅香喷喷的米饭，都要用到模糊逻辑。

普通计算机内置的是一种二元制的逻辑，对于任何问题，都只有"是"或"否"两种答案。早期的电饭煲用的就是这种逻辑。

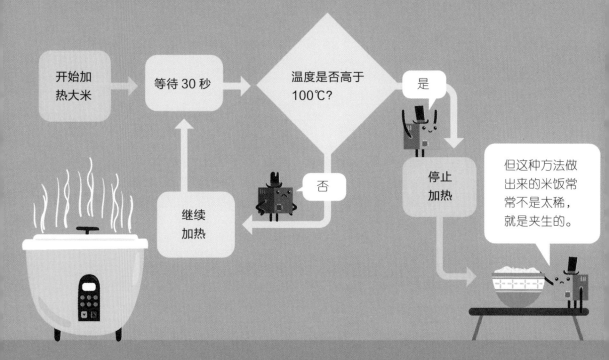

开始加热大米 → 等待 30 秒 → 温度是否高于 100℃？

是 → 停止加热

否 → 继续加热

但这种方法做出来的米饭常常不是太稀，就是夹生的。

生产者慢慢意识到，很多问题不能简单地用"是"或"否"来回答，这中间有一个模糊地带，有时说"差不多""大概"可能更为合适。

所以他们设计了一个模型，用模糊逻辑取代之前的二元制逻辑。

模糊逻辑把中间地带的答案也考虑进去了。

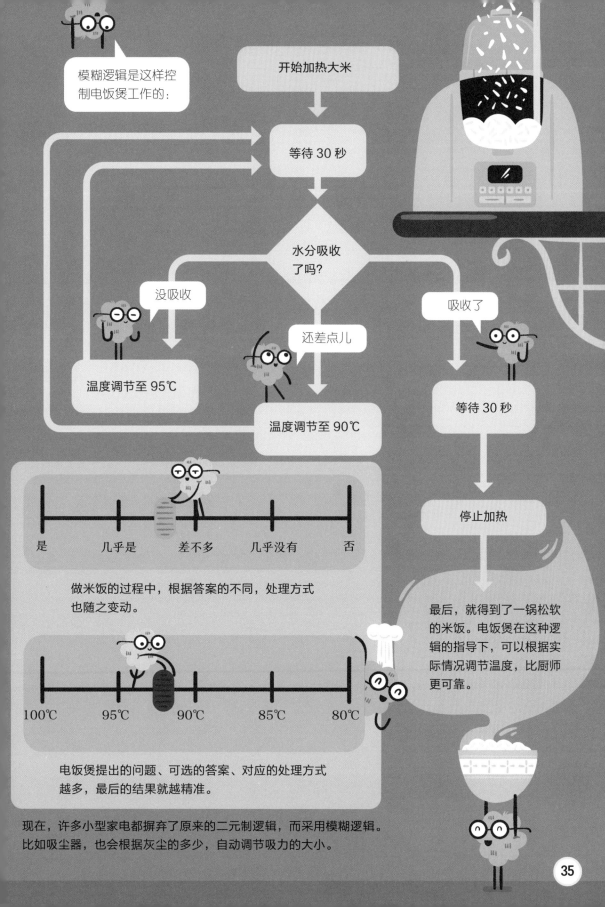

模糊逻辑是这样控制电饭煲工作的：

开始加热大米

等待 30 秒

水分吸收了吗？

没吸收

还差点儿

吸收了

温度调节至 95℃

温度调节至 90℃

等待 30 秒

停止加热

| 是 | 几乎是 | 差不多 | 几乎没有 | 否 |

做米饭的过程中，根据答案的不同，处理方式也随之变动。

| 100℃ | 95℃ | 90℃ | 85℃ | 80℃ |

电饭煲提出的问题、可选的答案、对应的处理方式越多，最后的结果就越精准。

最后，就得到了一锅松软的米饭。电饭煲在这种逻辑的指导下，可以根据实际情况调节温度，比厨师更可靠。

现在，许多小型家电都摒弃了原来的二元制逻辑，而采用模糊逻辑。比如吸尘器，也会根据灰尘的多少，自动调节吸力的大小。

27 在芯片上画画……

最初是为了防盗。

芯片是一种非常小的电子组件，计算机内的所有信息都储存在芯片里。芯片制造商为了证明他们是芯片的制造者，也为了防止他人剽窃他们的创意，会在芯片上刻些图案，这就叫作芯片涂鸦。

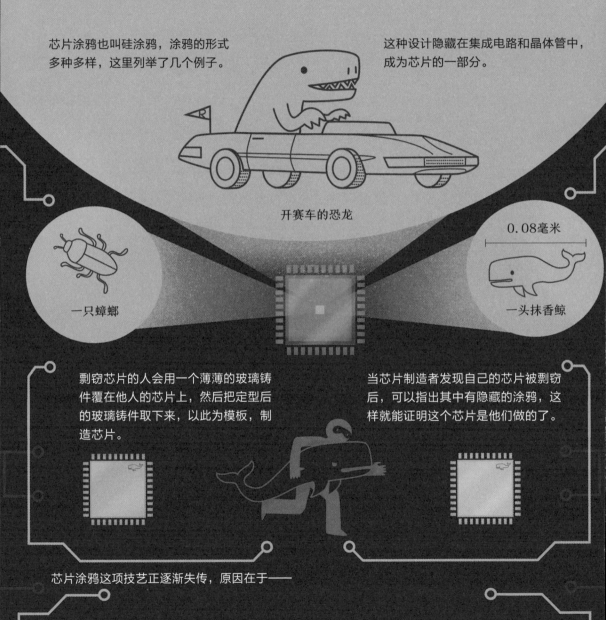

芯片涂鸦也叫硅涂鸦，涂鸦的形式多种多样，这里列举了几个例子。

这种设计隐藏在集成电路和晶体管中，成为芯片的一部分。

开赛车的恐龙

一只蟑螂

0.08毫米

一头抹香鲸

剽窃芯片的人会用一个薄薄的玻璃铸件覆在他人的芯片上，然后把定型后的玻璃铸件取下来，以此为模板，制造芯片。

当芯片制造者发现自己的芯片被剽窃后，可以指出其中有隐藏的涂鸦，这样就能证明这个芯片是他们做的了。

芯片涂鸦这项技艺正逐渐失传，原因在于——

法律保护

世界各国都已立法禁止芯片复制。既然窃贼没有了，那么防盗措施就不再必要了。

存在风险

涂鸦的位置稍有差错，芯片上整个电路就都会毁掉，因此芯片制造公司不再鼓励芯片涂鸦。

28 所有正整数……

都能由正三角形数或正方形数组成。

数学家对于能排列成规则图形的数字十分痴迷，比如可以排列成正三角形和正方形的数字。几个世纪以来，数学家们都在寻找这类数字的规律。

三角形数

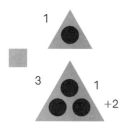

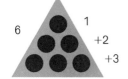

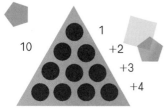

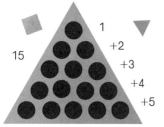

这一数列的下一个数字是
1+2+3+4+5+6=21。

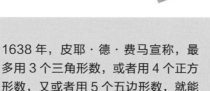

1638 年，皮耶·德·费马宣称，最多用 3 个三角形数，或者用 4 个正方形数，又或者用 5 个五边形数，就能相加得出任何一个数。这个规律适用于所有正多边形。

举例来说，31可以由3个三角形数相加得到（15+10+6），也可以由4个正方形数相加得到（25+4+1+1）。

几个世纪以来，数学家一直想要证明费马的猜想。1813 年，奥古斯丁－路易斯·柯西最终证明，所有正多边形确实都符合这一规律。

正方形数

1

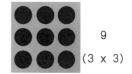

4
(2 × 2)

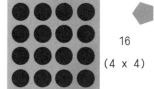

9
(3 × 3)

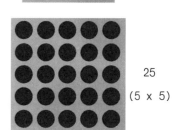

16
(4 × 4)

25
(5 × 5)

这一数列的下一个数字是
6 × 6=36。

29 质数……

可以帮助昆虫生存。

蝉的一生，绝大多数时间都在地下度过。有一种周期蝉，要在地下蛰伏13年或17年才会出现。数字13和17都是质数，即只能被1和它自己整除的数。科学家发现，在大自然中，质数关系着一些物种的生存和繁衍。

动物种群的数量，每隔一段固定的时间就会波动，这叫作种群循环。

为了降低被捕食的风险，蝉选择在天敌种群数量较少的年份拥有较大的种群规模。

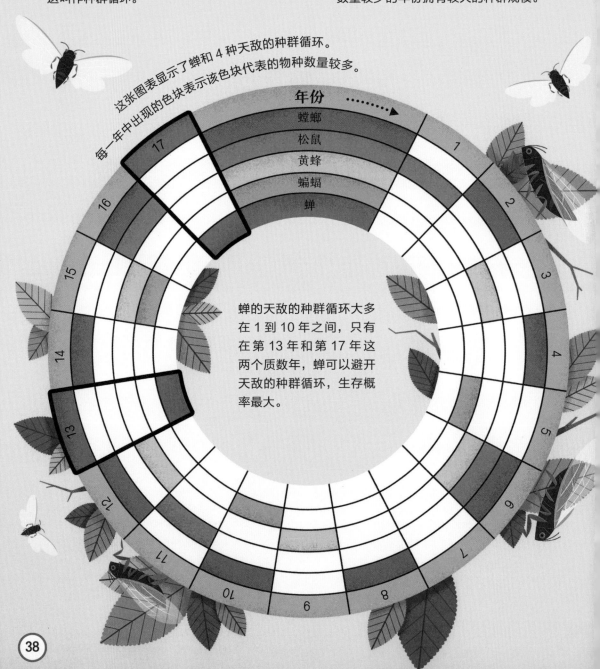

这张图表显示了蝉和4种天敌的种群循环。
每一年中出现的色块表示该色块代表的物种数量较多。

年份

螳螂
松鼠
黄蜂
蝙蝠
蝉

蝉的天敌的种群循环大多在1到10年之间，只有在第13年和第17年这两个质数年，蝉可以避开天敌的种群循环，生存概率最大。

30 国际互联网瘫痪，

竟是因为花园里的一铲。

从黑海延伸出来的线缆，穿过格鲁吉亚、亚美尼亚和阿塞拜疆，将这三个国家的网络连接起来。这些线缆一般被埋在地下，但遇到山崩或暴雨就可能会露出地面。

黑海

地下线缆

格鲁吉亚

2011 年，格鲁吉亚的一位 75 岁的老妇人想要挖一些铜来卖，于是朝地下挖呀挖……

挖的过程中，铲子不小心戳破了埋在地下的线缆。

阿塞拜疆

这下，亚美尼亚、阿塞拜疆和格鲁吉亚部分地区，超过 300 万人断了网。

亚美尼亚

这一疏忽导致亚美尼亚的互联网瘫痪了将近半天。半天时间听起来不长，但生活在亚美尼亚的 290 万人因此而不能……

用信用卡支付，

播报新闻，

无信号！

无可用医疗记录！

查询到医疗信息。

31 想准确测量海岸线的长度?

恐怕没那么容易。

海岸线曲曲折折, 有许许多多凹陷的海湾和凸出的海角, 因此根本没有办法精确地测量海岸线的长度, 测量结果也常由于取值的精细程度不同而产生很大差距。以下图的英国海岸线为例, 一起来看看吧!

假如我有一把200千米长的大尺子, 用这把尺子量出来的海岸线有2,400千米长。

但我忽略了很多重要的细节。

200千米长的尺子

50千米长的尺子

如果我用50千米长的尺子来测量, 就可以测量到更多细节, 测出的长度也更长。

这样量下来, 海岸线的长度是3,400千米。

用一把很小很小的尺子，把海岸线上每一个凹凸都量出来，结果会是一个趋近无限大的值，仿佛海岸线一直在延长，永无止境。

将海岸线放大看，你就能发现更多的凹凸。

超级放大镜

使用的尺子越小，测量出的数值就越精确。如果用更小的尺子，测量出的长度可达10,000千米。

这个问题就是著名的海岸线悖论。海岸线没有办法量出一个确切的值，所以地理学家只得规定一个相对合理的范围。英国官方地图显示，英国海岸线有17,820千米长。虽然这个数值已经相当大，但它依然忽略了很多细小的地方。

32 长度单位"米",

是科学家冒着生命危险确定下来的。

在 18 世纪的欧洲，有各种各样的长度单位。法国科学家想要启用一种新的十进制单位，这样计算起来更为方便，科学家将这种新单位命名为"米"。但那时法国大革命刚刚结束，社会非常动荡，想要确定"米"的长度标准，是一件很危险的事。

北极

1791 年，法国科学家将北极到赤道的距离设定为 1,000 万米。

次年，测量专家量出了从法国敦刻尔克到西班牙巴塞罗那的距离，因为这个距离刚好是从北极到赤道距离的十分之一。有了准确的数值之后，将其除以100 万，就得到了 1 米的长度。

敦刻尔克
100 万米
巴塞罗那

那时在法国，一旦被怀疑反对大革命，就有可能被处以绞刑。革命者怀疑测量专家支持旧王朝，于是把他关押了一段时间。

1,000 万米

赤道

后来，测量专家来到了西班牙。那时，西班牙正与法国交战，当地的人们又把他当作法国的间谍关押了一段时间。直到 1793 年，1 米的长度终于被官方确定下来，但新的波折又至……

33 光的速度……

最终定义了 1 米的长度。

自 1793 年提出"米"的概念后，它的官方定义经过了几次改变。

1793 年： 1 米是从北极到赤道距离的 $\dfrac{1}{10,000,000}$。

1799 年： 1 米是一根法国特制的金属棒的长度。

1889 年： 用铂和铱铸了 30 根新的金属棒，送往不同的国家。

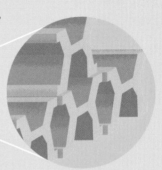

但是，在显微镜下观察，每根金属棒的长度略有不同。

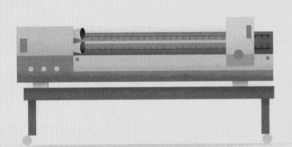

1960 年： 1 米被定义为氪 −86 气体放电时发出的一种光谱波长的 1,650,763.73 倍，但是这样的波长依旧会有小幅的波动。

1983 年： 科学家终于找到了恒定不变的测量方式：依靠光速。
光速永远是 299,792,458 米 / 秒。现在，1 米的定义是：

光 1 秒钟移动距离的 $\dfrac{1}{299,792,458}$。

第一例计算机故障（bug），

确实是因为一只虫子（bug）。

英文单词"bug"的本意是虫子，现在经常被用来指代计算机指令代码出现的问题。之所以产生后来的引申义，是因为很久以前，一些飞蛾让程序员陷入了麻烦。

1947 年，海军军官格蕾丝·赫柏在给一台计算机（Harvard Mark II）编写程序。

那个年代，计算机的体积特别大，要占满整个房间。计算机产生的热量会吸引来大量虫子，这些虫子常常会引发各种问题。

一只飞蛾卡在了这台计算机的开关上，造成计算机停止运转。

赫柏把飞蛾取走，粘在了自己的工作笔记里。从此，用"取走虫子"（debug）来表示"解决问题"的说法就被广泛使用了。

35 在不同标准下，

"千克"所表示的质量各不相同。

质量的度量单位是千克。1 千克有多重？最初是依据 1879 年制造出来的一个铂铱合金圆柱体的质量来判断的，这个圆柱体被命名为"大 K"。然而，这个国际通用的标准似乎变得越来越轻了……

"大 K"的质量就代表了 1 千克。

人们复制了许多"大 K"。虽然复制的过程非常精准，但是随着时间的流逝，这些复制品的质量和"大 K"的差别越来越大，也许是复制品变重了，也许是"大 K"变轻了。

A "大 K"被保存在一个玻璃罩内。

B 外面又套了一个玻璃罩。

C 然后一起存放在巴黎的一间真空储藏室中。

可能由于时不时地清洁，"大 K"上的微粒被擦掉而变轻了，也可能是复制品上面落了灰尘所以变重了，没有人说得清。

Le Grand K

（"大 K"的法语原文）

于是科学家决定为"千克"制定一个新的国际标准，不再依赖某一个具体的物体，而是基于某一个固定的值，比如光的速度，或者原子内某种能量的运动。

36 一个软件漏洞，

让数千名囚犯提早出狱。

2002 年，在美国华盛顿州，计算囚犯释放时间的计算机程序出了问题，导致 3,200 名囚犯提早出狱。

仅仅是一个字母或符号放错位置，就有可能造成漏洞。

软件漏洞的后果还不止这些。

火箭发射失误

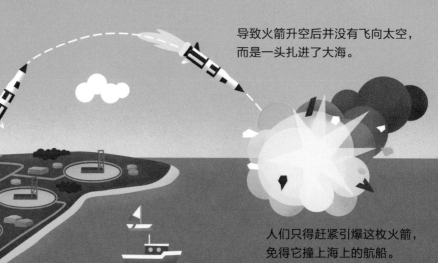

1962 年的美国，一枚无人驾驶火箭发射升空。但由于操纵火箭的程序存在错误，有一个连字符打错了……

导致火箭升空后并没有飞向太空，而是一头扎进了大海。

人们只得赶紧引爆这枚火箭，免得它撞上海上的航船。

第三次世界大战险些爆发

1983 年，美国和苏联之间的战争一触即发。苏联研发了一个系统，可以远程监控射向它们的导弹。

一天，系统发出警报，显示美国向其发射了一枚导弹，其实是软件错把一束不寻常的光当成了导弹。

幸好，一位军官对这个软件并不完全信任，他决定暂不反击，这才避免了一场战争。

病人被误报死亡

2003 年，美国密歇根州一家医院更新了病人的管理系统。

但系统出现了一点错误，导致 8,500 名病人被误报死亡。

医院紧急改正了这个错误，因为一旦病人在系统中被登记为死亡，很多治疗就无法实施了。

我还活着！

软件漏洞会带来很多风险，因此要尽量避免。

死亡

37 有些数字太大了，

所以只好用符号表示。

无穷大是指数字或数量一直延续下去，无穷无尽。

我们把无穷大叫作"无限"，符号是∞。

38 1 除以无穷大，

得数约等于 0。

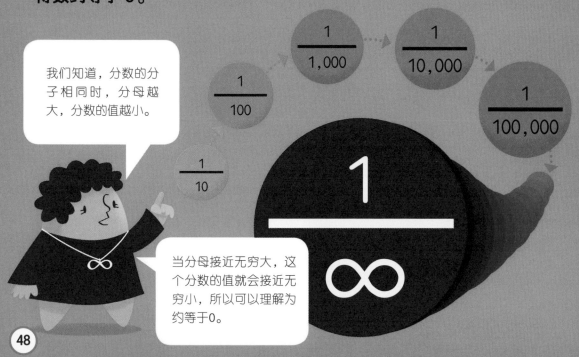

我们知道，分数的分子相同时，分母越大，分数的值越小。

$$\frac{1}{10}$$

$$\frac{1}{100}$$

$$\frac{1}{1,000}$$

$$\frac{1}{10,000}$$

$$\frac{1}{100,000}$$

$$\frac{1}{\infty}$$

当分母接近无穷大，这个分数的值就会接近无穷小，所以可以理解为约等于0。

无穷大的说法，

或许是个悖论。

几个世纪以来，数学家一直试图定义无穷大。而无穷大之所以难以被定义，是因为这个概念包含了一些悖论。从下面的例子中我们可以看到，一个无穷大可能比另一个无穷大更大，但其实可能又没有区别。

想象一下，有一座酒店，酒店里有无数个房间，房间从 1 开始编号，1，2，3，4…一直到无穷大。

无论房间的编号有多大，你都可以再加上 1，让房间的编号更大。

再想象一下，有另外一座酒店，房间以 2、4、6 这样的规律编号，一直标到无穷大。

这座酒店的房间也有无数个，但房间的编号都为偶数。

悖论在于——

橙色酒店可以用所有正整数标号，而蓝色酒店只能用偶数标号，那么橙色酒店的房间数应该多于蓝色酒店。

但只需把橙色酒店的每一个房间号乘以 2，就可以对应到蓝色酒店的每一个房间号。

1	2
2	4
3	6
4	8
5	10

这样一来，两座酒店的房间数似乎又是相同的。

40 分享图片,

其实是让计算机玩拼图游戏。

计算机通过传输数据来共享信息,但有一些文件的数据比较大,比如图片,不能整个通过互联网传输,所以它们会被分割成更小的数据单位——数据包来进行传输。各个数据包经由不同的路径到达目的地后,再按照正确的顺序重新组合起来。

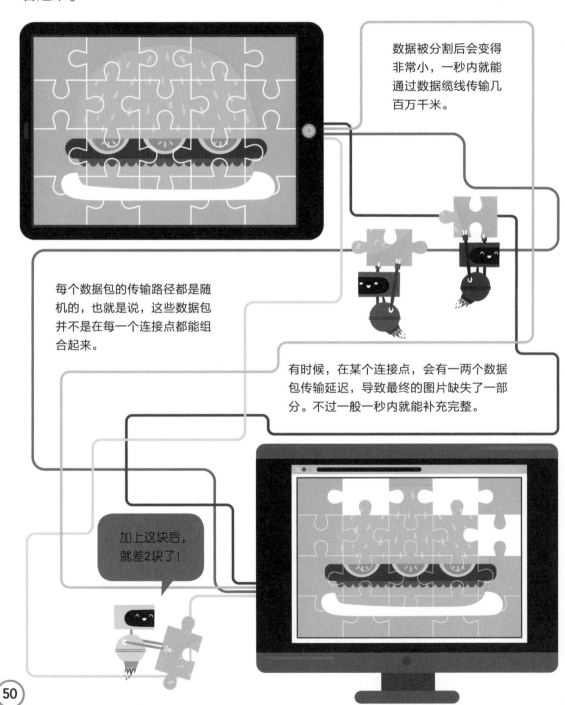

数据被分割后会变得非常小,一秒内就能通过数据缆线传输几百万千米。

每个数据包的传输路径都是随机的,也就是说,这些数据包并不是在每一个连接点都能组合起来。

有时候,在某个连接点,会有一两个数据包传输延迟,导致最终的图片缺失了一部分。不过一般一秒内就能补充完整。

加上这块后,就差2块了!

41 算术比赛的冠军，

13 秒就能算出 10 个十位数之和。

德国每两年会举办一场世界杯心算竞赛。在这场世界级的心算比赛中，参赛者不借助任何工具，光凭脑子，就能进行复杂的运算。

心算世界杯比赛规则：

禁止使用计算器

比赛过程中不得出声

禁止使用草稿纸

下面是 2016 年的部分心算题目：

① **2 个八位数相乘**

71,263,895
x 19,829,443
= ?

最短耗时 33 秒

② **10 个十位数相加**

9,445,827,440
+ 4,818,542,259
+ 7,242,032,850
+ 3,882,299,799
+ 4,339,351,943
+ 7,607,995,644
+ 5,405,591,314
+ 9,673,336,259
+ 9,963,458,074
+ 2,413,194,524
= ?

最短耗时 13 秒

③ **计算某个日期当时是星期几**

1705 年 6 月 26 日

最短耗时 0.9 秒

答案：① 1,413,123,343,860,485 ② 64,791,630,106 ③ 星期五

42 算术史上，先有 1，

然后再有的 0。

一个数字减去它自己，得数为 0。数字 "0" 代表什么也没有。这个数字看似简单，其实出现的时间远远晚于人们开始算数和运用数学计算的时间。

2,300 年前
古巴比伦

早在 0 被当作一个独立的数之前，古巴比伦人已经将 0 放在数字中间，表示空位。比如 3,603 这个数中的 0，表示十位上没有数。

这是古巴比伦用来表示 0 的符号。

公元 7 世纪
印度

天文学家婆罗摩笈多发明了 shunya（在梵文里是 "空无" 的意思），并为它设计了一系列规则。

shunya 和现在数学中 0 的用法类似。

$1 + shunya = 1$

$1 - shunya = 1$

$1 × shunya = shunya$

shunya 和古巴比伦人的0不太一样。shunya 不仅仅指代其他数字中的一部分，它更是一个独立的数字。

公元 9 世纪
巴格达

数学家穆罕默德·本·穆萨·花拉子密将婆罗摩笈多的作品翻译成了阿拉伯文，并沿用了 shunya 的规则。

但是他把表示 0 的符号换成了一个圆点。

从那以后，就出现了各种不同的表示 0 的符号。

有的数字不让用，

于是人们想到了密码。

欧洲很长一段时间没有表示"0"的数字。直到中世纪，阿拉伯人从非洲北部和中东地区来到欧洲，向欧洲人传授了他们那种包含 0 的记数方式。当时许多欧洲人对这个数字持怀疑态度，但也有一些人用这个数字来记录秘密。

12 世纪晚期：意大利数学家莱昂纳多·斐波那契年轻时在阿尔及利亚学过算术，也是在那时，他了解到了阿拉伯数字。

1202 年，斐波那契出版了《计算之书》。书中介绍了阿拉伯数字在银行和贸易中的具体应用。

1299 年，意大利城市佛罗伦萨禁止银行家和商人使用阿拉伯数字。

当时的政府人员认为，阿拉伯数字 0 很容易被篡改为 6 或者 9，因此可能会诱发诈骗。

你欠银行
190
意大利硬币

可是商人们发现，用阿拉伯数字计算要方便得多……

所以他们以密码的方式，悄悄使用阿拉伯数字。

一些历史学家认为，英文中"密码"一词就来源于阿拉伯语中的"零"，也就是 sifr。

这个词后来演变为英文单词中的 cipher（密码），一直沿用到今天。

4.4 面部表情数据库……

可以帮助计算机"看"到外面的世界。

计算机视觉是指通过技术帮助计算机"理解"照片和视频。计算机通过将屏幕前的图像跟互联网数据库中数以百万计的照片和视频进行对比,来判断它们"看到"的东西是什么。

计算机在成千上万个数据库中搜索,尽可能多地覆盖各种图片,包括——

花

面部表情

猫

但计算机有时也会出错,因为计算机的判断基于数据库中的内容。如果数据库中没有相似的图片,计算机可能会错误地归类。

比如,计算机识别为:

戴着假发、唱卡拉OK的成年人,

而事实上是……

一个手拿棒棒糖的小孩。

洗牌很多年，

可能都遇不到一模一样的数列。

每次洗牌，都会形成一组新的数列。这组数列几乎不可能出现第二次，
因为一副扑克牌能组合出的数列实在太多了。

这副扑克牌有 52 张，抽
去了大小王。

52张牌能组成多少组数列呢?

一副牌能组成的数列可以这样计
算: $52 \times 51 \times 50 \times 49$……，一
直乘到 1。

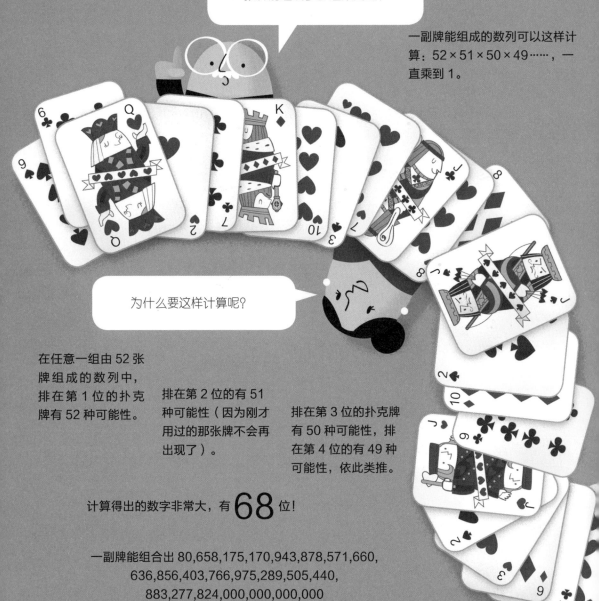

为什么要这样计算呢?

在任意一组由 52 张
牌组成的数列中，
排在第 1 位的扑克
牌有 52 种可能性。

排在第 2 位的有 51
种可能性（因为刚才
用过的那张牌不会再
出现了）。

排在第 3 位的扑克牌
有 50 种可能性，排
在第 4 位的有 49 种
可能性，依此类推。

计算得出的数字非常大，有 **68** 位!

一副牌能组合出 80,658,175,170,943,878,571,660,
636,856,403,766,975,289,505,440,
883,277,824,000,000,000,000
组数列。

我们用字母 A 代替这个数字。

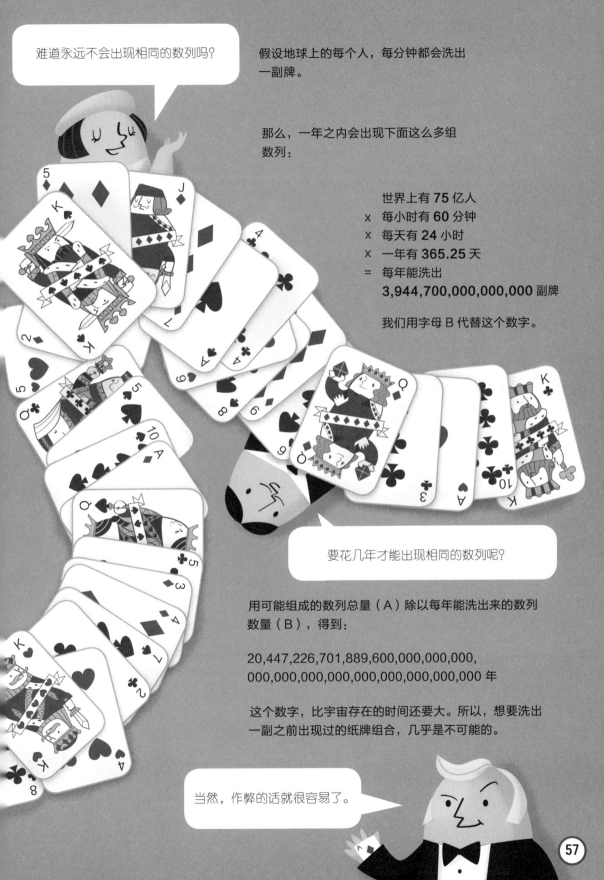

难道永远不会出现相同的数列吗？

假设地球上的每个人，每分钟都会洗出一副牌。

那么，一年之内会出现下面这么多组数列：

世界上有 **75 亿**人

x 每小时有 **60** 分钟

x 每天有 **24** 小时

x 一年有 **365.25** 天

= 每年能洗出 **3,944,700,000,000,000** 副牌

我们用字母 B 代替这个数字。

要花几年才能出现相同的数列呢？

用可能组成的数列总量（A）除以每年能洗出来的数列数量（B），得到：

20,447,226,701,889,600,000,000,000, 000,000,000,000,000,000,000,000 年

这个数字，比宇宙存在的时间还要大。所以，想要洗出一副之前出现过的纸牌组合，几乎是不可能的。

当然，作弊的话就很容易了。

46 现在的键盘布局……

最早可以追溯到 19 世纪 70 年代。

我们用手机打字时，经常使用九宫格键盘，而英语国家则大多采用的是全键盘。最初之所以这样设计，是因为当时的打字机经常卡壳，为了最大程度地减少卡壳带来的损失，就把每一个字母、数字、符号单独设为一个键。

19世纪60年代

第一台打字机的键盘是按照英文字母表的顺序排列的。当按下打字机上的一个键，键盘下的金属条就会活动一次，模子就会蘸上墨水，将字母印在纸上。但按键下面的金属条经常会卡住。

1873年

QWERTY 键盘的设计者将常用的字母组合安在相反的方向，比如 S 和 T、O 和 N。这样打字的速度就会放慢，打字机也就不那么容易卡壳了。

又过了 20 年，技术得到了改善，按键不再那么容易卡壳了，也没有必要再将常用的字母组合分隔开了。

> 这种键盘肯定不会卡壳，哈哈哈！

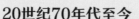

但是 QWERTY 键盘的打字机已经卖出去几千台了，制造商不想再变更设计了。

20世纪70年代至今

今天，QWERTY 键盘的设计已经应用到了各种电子设备、计算机和智能手机中。

47 圆周率文字学……

是背诵圆周率的艺术。

圆周率（π）是无限不循环小数，它的小数部分不断延续，又没有什么规律，于是记住圆周率就成了国际难题。后来，人们想了一种方法，叫作圆周率文字学。

3 . 141592653589793238462643383279502884197169399375105820974944592307816406286208998628034825342117067982148086513282306647093844609550582231725359408128481117450284102701938521105559644622948954930381964428810975665933446128475648233724...

2015 年，苏里什·库马尔·沙尔玛创造了背诵圆周率的吉尼斯世界纪录，他能够背诵圆周率的 70,030 位数，耗时整整 17 小时。

记忆圆周率并不轻松，所以人们常把圆周率编成有趣的诗。比如，中国用"山巅一寺一壶酒"来记圆周率的前 6 位，英语国家也有一首小诗，诗中每个单词的字母数对应圆周率中的数字。

这首诗的意思是：

看吧，
我可不想当一只鸭子。
冬天寒风凛冽，
还得用力拍水，浑身湿透，
最后落得浑身发冷，后悔莫及。

3 .
See,
1   4   1   5   9   2
A duck I would fearfully be,
6   5   3   5   8
Winter winds hit water forcibly,
9   7   9   3
Painfully soaking, painfully wet,
2   3   8   4   6
An icy creature will regret.

48 大脑中有一个地方……

专门用于识别数字。

科学家发现，大脑中有一块直径约 0.5 厘米的区域，专门用来识别数字，这个区域叫作颞下回，位于两耳的后面。

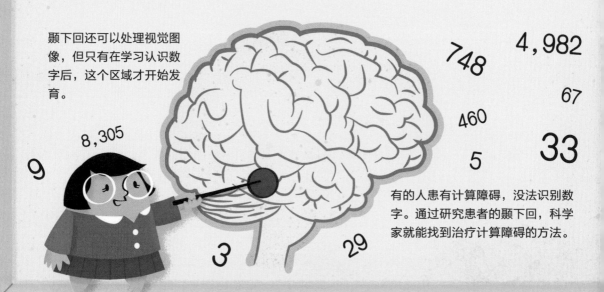

颞下回还可以处理视觉图像，但只有在学习认识数字后，这个区域才开始发育。

748

4,982

67

460

33

8,305

9

5

3

29

有的人患有计算障碍，没法识别数字。通过研究患者的颞下回，科学家就能找到治疗计算障碍的方法。

49 每封电子邮件的地址，

都有一种动物。

电子邮件中符号 @ 的官方读法比较麻烦，因此不同地区的人根据自己的文化习惯将它"动物化"处理，赋予了新的、有趣的读音。

收件人：

抄送：

主题：

在中文里，叫作小老鼠。

在德语里，叫作猴子的尾巴（Affen-schwanz）。

在意大利语里，叫作蜗牛（Chi-occiola）。

在匈牙利语里，叫作虫子（Kukac）。

在丹麦语里，叫作大象的鼻子（Snabel-a）。

在希腊语里，叫作小鸭子（Papaki）。

50 古戈尔普勒克斯中 0 的个数，

比宇宙中原子的数量还要多。

古戈尔普勒克斯是一个巨大的数，它等于 10 的很多次方。跟着下面的算式，来看看这个数是怎么算出来的吧。

$10^1 = 10$ → 10^1 表示 1 个 10。

右上角这些小数字叫作指数。

$10^2 = 10 \times 10 = 100$ → 10^2 表示 2 个 10 的乘积。

10^{10} = 10 x 10 x 10 x 10 x 10 x 10 x 10 x 10 x 10 x 10 = 10,000,000,000

10^{100}= 10 x 10 x 10 x 10 x 10 x 10 x 10 x 10 x 10 x 10 x 10 x 10 x 10 x 10 x
10 x 10 x 10 x 10 x 10 x 10 x 10 x 10 x 10 x 10 x 10 x 10 x 10 x 10 x 10 x
10 x 10 x 10 x 10 x 10 x 10 x 10 x 10 x 10 x 10 x 10 x 10 x 10 x 10 x 10 x
10 x 10 x 10 x 10 x 10 x 10 x 10 x 10 x 10 x 10 x 10 x 10 x 10 x 10 x 10 x
10 x 10 x 10 x 10 x 10 x 10 x 10 x 10 x 10 x 10 x 10 x 10 x 10 x 10 x 10 x
10 x 10 x 10 x 10 x 10 x 10 x 10 x 10 x 10 x 10 x 10 x 10 x 10 x 10 x 10 x
10 x 10 x 10 x 10 x 10 x 10 x 10 x 10

10 的 100 次方叫作古戈尔。

= 10,000,000,000,000,000,000,000,000,000'000'000'000'000'000'000'000'000'00 0,000,000,000,000,000,000,000,000,000,0 00,000'000'000'000'000'000'000'000'0 00,000,000,000,000,000,000,000,0

古戈尔普勒克斯就是10的古戈尔次方。这个数字太大了，甚至都没办法写下来。古戈尔普勒克斯中0的个数，比整个宇宙中的原子还要多。

51 在中世纪，一双手……

可以表示 **1** 到 **100** 万间的任意整数。

自人类开始记数以来，手就是不可或缺的工具。据一位英国人记载，已知最古老的用手记数的方法出现在 8 世纪，按照他的方法，从 1 到 100 万都可以用手来表示。

只用左手手指，就可以做出至少 99 种手势。
下面是留存下来的一些手势——

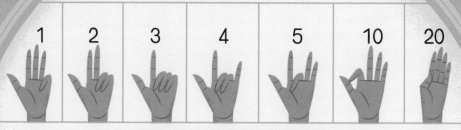

如果加上右手，记数者就可以数到百位数——

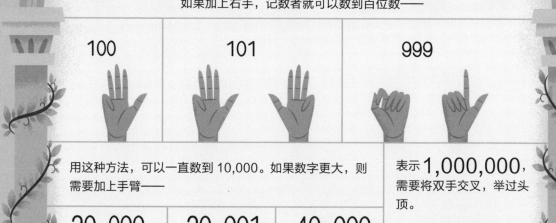

用这种方法，可以一直数到 10,000。如果数字更大，则需要加上手臂——

表示 **1,000,000**，需要将双手交叉，举过头顶。

如果想表示更大的数字，恐怕需要再来一双手了。

62

就代表 **100** 英镑的欠款。

12 世纪到 19 世纪之间，许多欧洲人还不识字，于是出借人用木头作为收据，这样大家都能看明白。这种木头叫作记数刻木板。人们用刻出来的痕迹，代表借贷的金额。一起来看看这种方法吧。

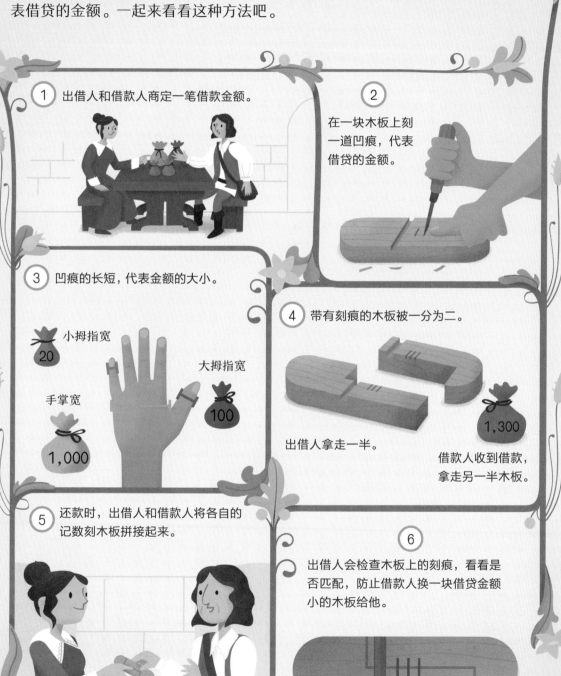

① 出借人和借款人商定一笔借款金额。

② 在一块木板上刻一道凹痕，代表借贷的金额。

③ 凹痕的长短，代表金额的大小。

小拇指宽 20

大拇指宽 100

手掌宽 1,000

④ 带有刻痕的木板被一分为二。

出借人拿走一半。

借款人收到借款，拿走另一半木板。

1,300

⑤ 还款时，出借人和借款人将各自的记数刻木板拼接起来。

⑥ 出借人会检查木板上的刻痕，看看是否匹配，防止借款人换一块借贷金额小的木板给他。

53 单就下棋来说，

人类可能赢不了计算机。

早在第一台计算机问世以前，工程师就在思考能不能设计出一台会下棋，或者会玩其他脑力游戏的机器。计算机问世后没多久，计算机科学家就接下了这个挑战。

1952 年

计算机科学之父艾伦·麦席森·图灵编写了一个国际象棋程序。可是，当时的计算机没有足够的运算能力去执行这个程序。

1957 年

一台名为 IBM 704 的计算机执行了一套国际象棋程序。在一场人机对弈中，计算机赢了国际象棋的初学者。

20 世纪 70 年代

计算机国际象棋程序已经可以击败 75% 的人类棋手了。余下的 25% 是国际象棋方面的专家和大师。

1997 年

"深蓝"——一台专门设计的超级国际象棋计算机——首次在国际象棋比赛中击败了排名世界第一的人类棋手。

2005 年至今

从此以后，最好的计算机总是能打败最好的人类棋手。

除非在自由式象棋比赛中，人类棋手可以团队作战，也可以借助计算机的帮助。

到目前为止，即使是最好的国际象棋计算机，也赢不了人类和计算机的组合。

111 分可不是运动员期待的分数。

无论是个人得分还是球队得分，板球运动员都不喜欢 111 分这个分数。
这可能和心理暗示的作用有关——

"111 分"又被称为纳尔逊分，因为英国有一位英雄叫霍雷肖·纳尔逊，他是海军中将。据传，他在战役中不幸失去了——

1 条手臂
1 只眼睛
1 条腿

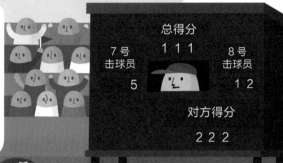

很多球队或者球员都是在得分为 111 分时被判出局的。所以，每当得分到 111 分时，球员们就忐忑不安，变得紧张起来。

111 的倍数也不讨人喜欢。222 分被看作"2 个纳尔逊分"，333 分被看作"3 个纳尔逊分"。

一位名叫大卫·谢泼德的裁判员，在比分至 111 分的时候抬了一下腿，赢得了人们的一片欢呼。

111分！

横木

树桩

击球员一旦击中三柱门，比赛即宣告结束。三柱门由三个树桩和两根横木组成，是板球比赛的球门。

有人认为，111 分不讨人喜欢是因为这个数字的形状很像被击中的球门——树桩还在，但横木已经被击飞了。

55 如果汽车更新的速度像计算机，

那在未来，不到 2 分钟它就能开到海王星。

自 20 世纪 60 年代早期起，计算机的运行速度，以及其处理信息的能力，大约每两年就会翻倍。这一现象叫作摩尔定律。

摩尔定律有多厉害呢?

如果人类建造的高楼的高度遵循摩尔定律增加，那么现在最高的楼应该已经比太阳还高了。

如果汽车行驶的速度遵循摩尔定律增长，那现在最快的汽车甚至能超过光速（显然这是不可能的）。

以这样的速度行驶，那在未来，汽车不到 2 分钟就能开到海王星。

20 世纪 60 年代早期	现在	20 世纪 60 年代早期	现在
最高的摩天大楼 帝国大厦 381 米	最高的摩天大楼 可能超过 2,050 亿米	最快的汽车： 阿斯顿·马丁 DB4 GT Zagato 速度高达 247 千米 / 时	汽车行驶的速度大概 能达到 1,320 亿千米 / 时

但计算机性能提升的速度，现在已经开始慢下来了。

如果要维持摩尔定律，计算机芯片上的晶体管的体积需要继续缩小。

慢

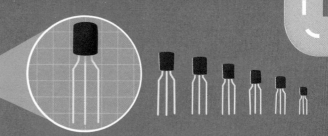

现在的晶体管已经很小，最小的厚度相当于几个原子的厚度。

想将它们缩得更小，在物理上几乎是不可能实现的。

所以接下来该怎样做呢？

许多计算机科学家认为，要想让计算机的发展保持之前的速度，就必须研发出新的计算方式。

但没人知道该怎么做。

我们只知道，

如果更新速度遵循摩尔定律持续下去，200 年后，一台笔记本大小的计算机要在那时的运行速度下处理信息……

它所需要的能源相当于一个中等大小的恒星所释放出的能量。

物理学家经过精密的计算，认为这个运行速度已经是该大小的计算机所能达到的极限了。

56 破解了 19 世纪的密码，

也许你就能获得巨额宝藏。

1885 年，美国出版了一本小册子，里面记载了三个密码。作者宣称，只要破解这三个密码，就能知道巨额宝藏埋藏在哪里。

破解三个密码，　　　　　　寻找神秘宝藏！

其中一个密码是根据美国《独立宣言》编成的。

```
115 73 24 807 37 52 49 17 31 62
647 22 7 15 140 47 29 107 79 84
56 239 10 26 811 5 196 308 85 52
```

密码中的每个数字，都对应了《独立宣言》中的某个单词。比如，数字 3 代表《独立宣言》中的第 3 个单词。

美国独立宣言

WHEN IN THE COURSE OF HUMAN EVENTS IT BECOMES NECESSARY FOR ONE PEOPLE TO DISSOLVE THE POLITICAL BANDS...

取这些单词的首字母，把它们组合在一起，就能拼出一条信息。

这条信息是：宝藏中有金银珠宝。

一代代解码专家尝试破解另外两个密码，但都没有成功。

人们猜想，整件事也许只是一场精心策划的骗局。

57 气隙技术，

是黑客面临的终极难题。

黑客是指未经他人允许，私自闯入他人计算机系统的人。现在几乎所有的计算机都可以自动连接互联网，这越发给了黑客可乘之机。为了防止黑客入侵，一些计算机会采用气隙技术。

核电站、军事基地这些地方，都会采用气隙技术以让计算机处于最高防御状态。这些计算机从不连接互联网。

想要接触到这些计算机，必须获得授权。计算机里的信息也绝不会通过无线的方式被窃取或篡改。

气隙这个词，在 Wi-Fi 这类无线网络出现之前就已经有了。那时的计算机需要通过一根网线连接到墙壁上的网线插座。

在电影中可以看到这样一幕，如果计算机采用了气隙技术，黑客则需要溜进计算机所在的房间。

 其实，在现实生活中根本不用那么麻烦，黑客只需要骗取能接触到这台计算机的被授权人的信任，交给他们一个安装了病毒的 U 盘。当 U 盘被插入这台计算机，黑客就能轻松窃取信息了。

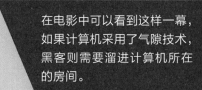

58 写得不好的代码，

会像面条一样缠在一起。

一个好的计算机程序的代码，应该是清晰流畅的，其他程序员也能很容易看懂。如果程序的代码写得不好，它就会乱成一团，其他的程序员很难看懂。人们把这种写得不好的代码叫作面条式代码。

下面来看看，代码是如何变得像面条一样的。

一个程序包含许多条指令。

这些指令按顺序执行，形成控制流。

写得好的代码，其控制流很容易被追踪。

但有些指令编写得很混乱，使得控制流也错综复杂。

让计算机做出决定的指令叫作 if-then-else 语句。

让计算机跳转到另外一些步骤的指令叫作 GOTO 语句。

GOTO 和 if-then-else 语句本身谈不上好与不好，但太多的选择和跳转指令组合在一起，程序执行起来就会特别困难。

如果不搞清楚各条指令是怎么衔接在一起的，做调整的时候就很容易不小心把其他部分弄乱。

59 复制粘贴，

也成了一个教派。

2012年，"复制粘贴教会"正式获得瑞典官方承认。复制粘贴教会又称"拷贝教"，其成员认为，信息应该自由流通和共享，复制粘贴没什么可耻的，反而是一项高尚的行为。

2012年，一对拷贝者（"拷贝教"的成员）在塞尔维亚举办婚礼。婚礼上，一台投影仪将"拷贝教"标志投到墙上，誓词也是由计算机宣读的。

中国古代的
阴阳符号

拷贝者的标志

Ctrl-C

Ctrl-V

"拷贝教"
创始人

键盘上复制的
快捷键

键盘上粘贴的
快捷键

你愿意和新娘分享你的爱、
知识和感受，直到所有信息
不复存在吗？

"拷贝教"用中国古代的阴阳
符号作为标志，融合了复制和
粘贴的快捷键。

我愿意！

60 把电子数据植入种子中，

树上就能长出书来。

在线上的数据库和图书馆中，储存着数以百万计的图书和文档资料。生物技术学家找到了一种方法，可以把这种数据转化为植物中的化学数据。这样一来，这些资料就可以储存在种子中了。

计算机数据以字节为单位储存。字节两两为一对，总共有四种组合方式：00、01、10、11。

植物细胞的信息储存在DNA中。DNA也由四种不同的化学成分构成，分别是A、C、T、G。

生物技术学家注意到，两者都有四种方式，于是将它们一一对应起来，设计了一种新密码。

00 = A

01 = T

10 = C

11 = G

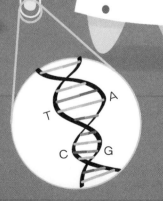

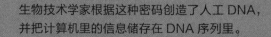

生物技术学家根据这种密码创造了人工DNA，并把计算机里的信息储存在DNA序列里。

然后，研究者找出了将这些人工DNA植入植物细胞中的方法。

这就意味着，计算机数据可以储存到植物的种子中。这些种子会长成植物，而数据则不会丢失。

《瓦尔登湖》

《贝奥武夫》

为什么费力做这些呢？

因为这样可以把全世界的线上资源都保存在一捧种子里，空间和能量都大大节约了。

《奥德赛》

《哈利·波特》

种子也可以存储个人的图书和文档。

种子

国际足联世界杯比赛结果

1930—2038

各国人口普查结果

A—M

《哈姆雷特》

《呼啸山庄》

图书馆

扫码技术在飞速发展，也许有一天，人们只要扫描数据植物的DNA，就可以直接生成文字，读取信息。

61 法国的亿万富翁

比爱尔兰的亿万富翁更有钱。

法国和爱尔兰都使用欧元，但两国对大额数字的命名方式有所不同。法国使用长级差制，爱尔兰使用短级差制。以下是两种制度的对比——

在短级差制中，比 million（百万）大一级的单位，代表的数值是 million 的一千倍。每增大一级，后一级又都是前一级的一千倍。

我是亿万富翁。

不，我才是亿万富翁。

在长级差制中，每一级是前一级的 100 万倍。

短级差制 （英语）		1,000,000			长级差 （法语）
	Million（百万）	1,000,000	Million（百万）		
	Billion（十亿）	1,000,000,000			
	Trillion（万亿）	1,000,000,000,000	Billion（万亿）		
	Quadrillion（千万亿）	1,000,000,000,000,000			
	Quintillion（百亿亿）	1,000,000,000,000,000,000	Trillion（百亿亿）		

62 增大纸币的面值，

并不能增强你的购买力。

2004—2008 年间，津巴布韦发生经济危机，导致当地物价飞涨。这就是所谓的通货膨胀。为了方便人们购买日用品时不至于背着一大沓现金，政府只好增大纸币的面值。

面值最大的是 100 万亿津巴布韦元。

RESERVE BANK OF ZIMBABWE

ONE HUNDRED TRILLION DOLLARS

经济危机最严重的时候，100 万亿津巴布韦元都买不了首都哈拉雷的一张公交车票。

63 $10^{3,003}$ 的平方……

是一个巨大的数。

数字大到不知道该怎么读的时候，可以采用康韦 - 维克斯勒大数命名系统，但以这种方式命名的数字写起来依然很长。

$10^{3,003}$ 表示 1 后面有 3,003 个 0，用大数命名系统写作 one millinillion。

这个数乘以它本身就是这个数的平方，用大数命名系统写作 one billimillion。

这两个数跟下面的比起来，还不算长。

One quattuorquinquagintaquadringentillion 岁生日快乐

$10^{1,365}$ 岁生日快乐！

您的岁数比地球还要大！

64 战争时期，

密码可以藏在皮带上。

古希腊的士兵曾经使用一种叫作密码棒的东西来传递讯息。密码棒由一条藏有密码的皮带绕在一根木棒上组成。

密码棒的使用方法：

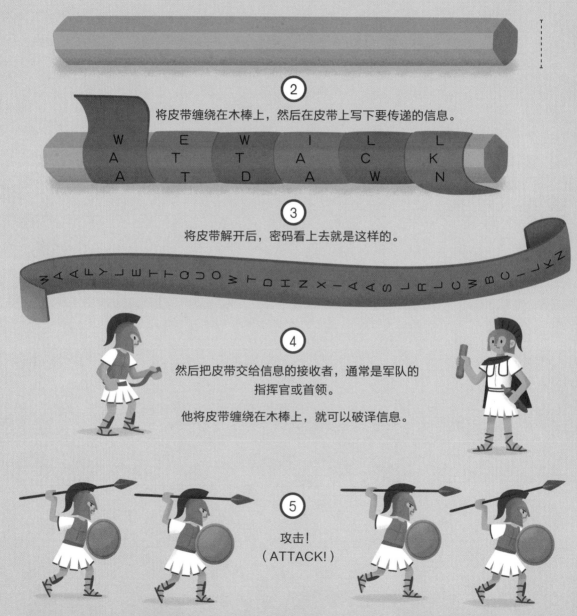

① 确保密码的制作者和接收者有粗细相同的木棒。

② 将皮带缠绕在木棒上，然后在皮带上写下要传递的信息。

③ 将皮带解开后，密码看上去就是这样的。

④ 然后把皮带交给信息的接收者，通常是军队的指挥官或首领。

他将皮带缠绕在木棒上，就可以破译信息。

⑤ 攻击！
（ATTACK!）

这种按照规则将字母换位的加密方法叫作换位法。随着时代的发展，加密方法越来越复杂。

65 密码机的诞生，

让信息传递更安全。

第二次世界大战期间（1939—1945 年），德国军队使用了一种叫作恩尼格玛的密码机来加密无线电信息。这种密码机采用的是一种复杂的加密方式——替换式密码，即将一个字母转换成其他字母。

WE WILL ATTACK AT DAWN（清晨发动进攻）

首先，转动转子，调节插接板，设置字母按何种规律转换成密码。

然后，在键盘上打出明文字母（即没有加密的文字）。

每按下一个键，灯盘上对应的密码字母就会亮灯，将它们记录下来，就能形成加密信息。

IJAHKFOBAUXUOHPLXZ

01	15	20
02	16	21
03	17	22
04	18	23

信息接收者会事先按照要求，将插接板和转子设置得与信息发送者一致。然后，输入加密后的字母序列，机器上就会显示出原始信息了。

恩尼格玛密码机至少有 150,000,000,000,000,000,000 种设置方式，因此很难被破解。

计算机科学之父艾伦·麦席森·图灵发明了一台名叫"图灵甜点"的密码解密机，可以破译这种密码。

66 一道数学难题，

改变了一个人的命运。

19 世纪末，有一天……

德国商人保罗·沃尔夫凯勒向一位女子求婚。

但是这位女子拒绝了他。

沃尔夫凯勒伤心不已，为了转移注意力，他拿起了一本书。书中有一道难题，他已经琢磨很多年了。

这道难题就是证明"费马大定理"。

第 1 章

费马大定理

当 $x > 2$ 时，等式
$$a^x + b^x = c^x$$
没有正整数解。

我可以证明，但论证过程太长了，这里写不下。

法国数学家
皮耶·德·费马，
1637 年

后来……

费马大
定理

爱情怎能与数学相媲美？

这道难题激发了他的斗志，他完全投入到证明费马大定理之中，逐渐忘掉了失恋的痛苦。

研究这道难题的数学爱好者，可不止沃尔夫凯勒一个人。但直到他去世，这道难题都没有被解决，于是他立下遗嘱：

谁能证明费马大定理，就将获得我遗赠的 100,000 马克。

1993 年，英国剑桥……

100 多年后，英国数学家安德鲁·怀尔斯在全世界顶尖的数学家面前，写出了费马大定理的论证过程。

这场巨大的胜利，引发了媒体的狂欢，也让怀尔斯一夜成名。

本世纪最伟大的数学家

数学之谜已经破解！

在把奖金颁给怀尔斯之前，要对他 129 页的计算论证过程进行验算。这一算可了不得，发现了一个错误！

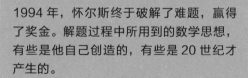

错误

这个错误，让怀尔斯感到羞愧不已，他决定闭关。此后的 14 个月里，他不知疲倦地工作，试图完善自己的论证。

1994 年，怀尔斯终于破解了难题，赢得了奖金。解题过程中所用到的数学思想，有些是他自己创造的，有些是 20 世纪才产生的。

那么这些思想，费马是从何得知的呢？于是数学家们猜测，费马可能并没有能力证明自己提出的定理……

67 一个神奇的数字三角形，

可以解决一些数学问题。

这个数字三角形，在中国叫作
杨辉三角，在西方叫作帕斯卡
三角形。

通过下面的问答，你就知道该
如何使用它。

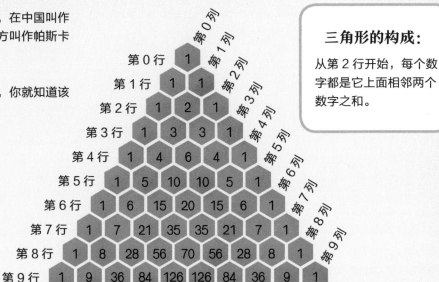

	第0列	第1列	第2列	第3列	第4列	第5列	第6列	第7列	第8列	第9列
第0行	1									
第1行	1	1								
第2行	1	2	1							
第3行	1	3	3	1						
第4行	1	4	6	4	1					
第5行	1	5	10	10	5	1				
第6行	1	6	15	20	15	6	1			
第7行	1	7	21	35	35	21	7	1		
第8行	1	8	28	56	70	56	28	8	1	
第9行	1	9	36	84	126	126	84	36	9	1

三角形的构成：

从第 2 行开始，每个数
字都是它上面相邻两个
数字之和。

问：碗里装了 3 种不
同的水果。如果一次
拿 2 种，可能出现多
少种组合？

思考：因为有 3 种
水果，所以看第 3
行。因为一次拿 2
种水果，所以看第
2 列。

第3行 →
```
      1
    1 2 1
  1 3 3 1
1 4 6 4 1
```
← 第2列

答案：3

试试看，能否用这
个三角形回答右边
的两个问题。

① 如果有 7 种水果，
一次可以选 5 种，
有多少种组合方式
呢？

② 如果有 9 种水果，
一次可以选 3 种，
有多少种组合方式
呢？

答案：
①第 7 行，第 5 列 21
②第 9 行，第 3 列 84

80

68 叮！咚！当！乒！乓！

五口钟能敲出 120 种钟声。

17 世纪的英国，教堂敲钟人发明了一种新的敲钟顺序。这种顺序并不是基于乐理，而是根据数学模型计算出来的。

叮咚！
咚叮！

如果教堂有 2 口钟，那就能敲出 2 种钟声。（2×1）

叮咚当！
当叮咚！
叮当咚！

当咚叮！
咚当叮！
咚叮当！

如果教堂有 3 口钟，那就能敲出 6 种钟声。（3×2×1）

咚当叮乒乓！
咚叮当乒乓！

叮咚当乒乓！
乒咚叮当乓！

如果教堂有 5 口钟，那就能敲出 120 种钟声。（5×4×3×2×1）

敲钟专家创作了一些手册，介绍如何在不重复的情况下，敲出不同钟声的方法。过去，这种书叫作《钟声的艺术》或者《钟声集》。今天，这种敲钟方法叫作鸣钟术。

敲完全部组合的钟声，有时需要花上几个小时的时间。如果一个教堂有 7 口钟，一轮下来要敲出 **5,040** 种组合。（7×6×5×4×3×2×1）

竟然藏在"饼干"里。

美国总统掌握着一个神秘的密码，这个密码印在一张名叫"饼干"的卡上。
当遇到核攻击时，总统就可以通过这个密码来启动核武器。

这个密码是美国总统的标配，它可以用来识别持卡人是否为美国总统。除了美国总统以外，
其他人都无权启动核武器。卡片上的密码由数字和字母组成，又被称作黄金密码。

特别保镖保管着一个黑色手提箱，里面就存放着这张卡片。这个箱子名声在外，被人称为"核按钮手提箱"。

这张身份验证卡看上去很像一张信用卡。

黄金密码中还包含一些无意义的数字和字母，所以即使被盗，其他人也无法找出真正的密码。

人们猜测，只有美国国土安全部知道真正的密码。

被犯罪分子入侵的计算机，

有可能变成"僵尸"。

有时，犯罪分子会入侵一台计算机，然后接管这台计算机，并用它来攻击网站。这种被接管的计算机叫作"僵尸"，操控僵尸网络的犯罪分子被称为"僵尸牧人"。

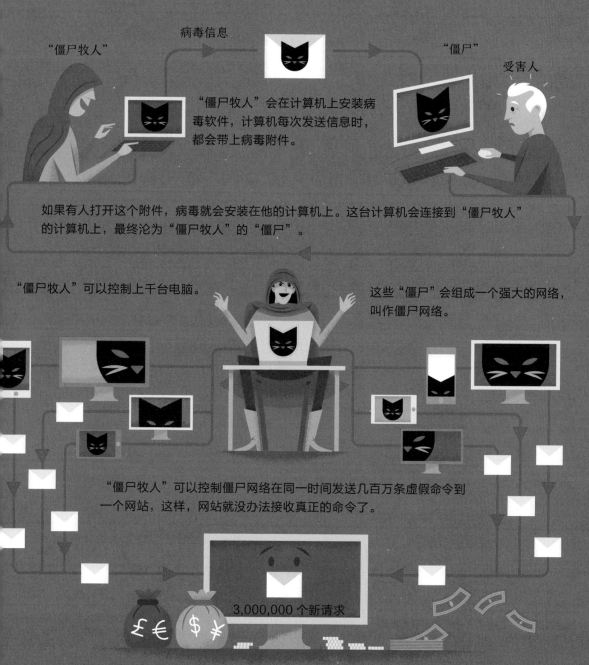

"僵尸牧人" 病毒信息 "僵尸"

受害人

"僵尸牧人"会在计算机上安装病毒软件，计算机每次发送信息时，都会带上病毒附件。

如果有人打开这个附件，病毒就会安装在他的计算机上。这台计算机会连接到"僵尸牧人"的计算机上，最终沦为"僵尸牧人"的"僵尸"。

"僵尸牧人"可以控制上千台电脑。

这些"僵尸"会组成一个强大的网络，叫作僵尸网络。

"僵尸牧人"可以控制僵尸网络在同一时间发送几百万条虚假命令到一个网站，这样，网站就没办法接收真正的命令了。

3,000,000 个新请求

2017年，"僵尸牧人"使三家英国银行的线上系统瘫痪。他们向银行勒索75,000英镑，才肯撤回攻击。但银行最终并没有付款，而"僵尸牧人"则被抓捕。

71 神奇的折纸技术，

解决了太空能源供给问题。

Origami，是一种起源于日本的折纸工艺。1985 年，日本天体物理学家三浦公亮运用折纸和几何的原理，发明了折叠式太阳能电池板，解决了人造卫星在太空中获取能源的问题。

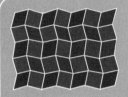

按三浦折叠法折出的图形由多个紧密相连的平行四边形组成。

用若干个相同的图形拼成一个更大的图形，既没有空隙，也不重叠，就叫作密铺。

三浦折叠法步骤

1 将一张纸向内折一下，向外折一下，折成五等份。

2 沿折痕压紧，折成一个长条。

------ 山形折法
------ 谷形折法

3 把这个长条折出一个角度。

4 反方向再折一次。

使这两条边平行。

5 继续反方向折叠。

6 把纸展开，再沿折线折叠，并压实折痕。

总共需要折六次。

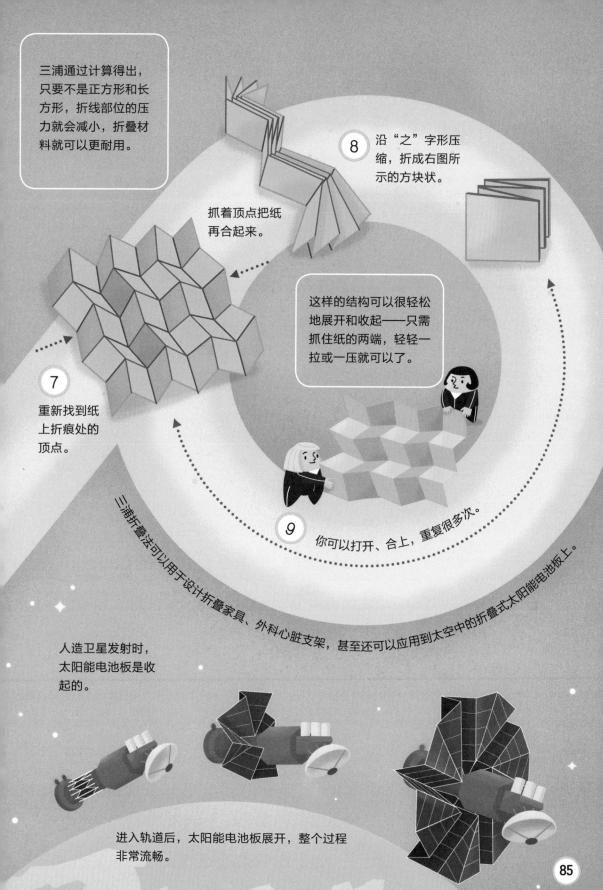

三浦通过计算得出，只要不是正方形和长方形，折线部位的压力就会减小，折叠材料就可以更耐用。

8 沿"之"字形压缩，折成右图所示的方块状。

抓着顶点把纸再合起来。

这样的结构可以很轻松地展开和收起——只需抓住纸的两端，轻轻一拉或一压就可以了。

7 重新找到纸上折痕处的顶点。

9 你可以打开、合上，重复很多次。

三浦折叠法可以用于设计折叠家具、外科心脏支架，甚至还可以应用到太空中的折叠式太阳能电池板上。

人造卫星发射时，太阳能电池板是收起的。

进入轨道后，太阳能电池板展开，整个过程非常流畅。

72 线上"挖矿"，

助你成为大富翁。

2009 年，一种仅在网络流通的货币首次发布，人们并不清楚发布者是谁。这种货币叫作加密货币。加密货币需要在线上获取，获取的过程叫作"挖矿"。

"挖矿"的方式是通过运行计算机程序进行复杂的计算。

每当计算机用户发现一个算式的新解法，他们就"挖到"了一笔钱，或者说货币。

加密货币可以用于线上购物，也可以通过交易，赚取更多的钱。

理论上，任何人在任何地方都可以使用加密货币。它不需要依赖银行或组织，也不受国家财富多少的影响。

一些加密货币，比如比特币，价值很高，因为为新币很难被挖出来。比特币的总数是有限的，只有 2,100 万。

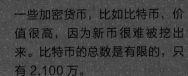

2009 年，比特币刚出现时，每个币的价值约 0.3 美元。2017 年顶峰时期，每个比特币的价值约 19,665 美元，比 400 克黄金还值钱。

73 分析足球数据，

可以帮球队提高成绩。

为了让顶尖的足球队更上一层楼，专家会监测每场比赛的数据，以分钟为单位，分析每位球员的表现，然后制定出训练计划和比赛策略。

每场比赛都有 1,000 多项指标被生成数据。统计学家会为每场比赛创建数字图像，然后在数据中寻找模型。

球员的数据包括：
平均传球长度
关键贡献
射门次数
冲刺距离
传球成功次数
跑动距离

数据显示，球队落后时，守门员向右侧扑球的概率是向左扑球的两倍。

90°

25°

计算得出，射门时角度越大，射中的概率就越高。

球员冲刺的速度越快，保持得越久，越有可能射门得分。

最快冲刺速度：
32 千米 / 时

45°

远射最佳角度：45°

球队经理通过数据分析，能够找到最佳传球方式和每位球员的最佳位置。

但也有一些因素是数据无法体现的。比如要了解球员的精神状态，最好的方法还是观察。

74 距离地球最远的计算机，

把信息传回地球需要 19 小时。

"旅行者 1 号"是美国于 1977 年发射的空间探测器，用于探测外太阳系。它上面搭载的计算机，可以定期向地球回传数据。但由于距离太远，信息到达地球需要将近一天的时间。

美国国家航空航天局（NASA）
用大型天线接收"旅行者 1 号"
传来的信息。

地球

75 闪光和敲击声，

可以表示字母和数字。

有一种国际语言，叫作莫尔斯电码。自 1837 年它被发明，人们就一直用它来传递信息。它能将字母和数字转换成点和线的组合，用声音和灯光都可以表示。

这是点。　　　　这是线。

"旅行者1号"携带的传感器可以记录太空中磁场、辐射和一些粒子的数据。

三台计算机将数据转换成无线电信号。

"旅行者1号"每天都会向地球回传数据，这些数据到达地球得花19小时。

"旅行者1号"距离地球210亿千米，是距离地球最远的人造物。随着它离地球越来越远，信息回传的时间也会越来越长。

需要回传数据时，美国国家航空航天局的工作人员会向"旅行者1号"发送指令。

莫尔斯电码可以用于战时传递情报，航海时发送信号，或野营时传悄悄话……

你好！
（HELLO!）

今天你点开的内容，

会影响明天你看到的内容。

一些网站会利用程序分析你在网上的一举一动。通过追踪你搜索和点击的内容，这些程序可以测算出哪些是你喜欢的，哪些是你不喜欢的，进而判断你接下来想要看到的内容。这种专门为你筛选信息的方法，叫作过滤气泡。

搜索：奶酪

不同的用户浏览历史不同，所以即便搜索同一个关键词，跳出来的信息也不一样。

高品质奶酪，附近超市有售！

我爱 ♥ 奶酪

滚奶酪大赛直播，点击观看！

奶酪雕塑家的日常，欢迎观看！

震惊！乳制品加工过程……

十种尝起来像脚丫的奶酪。

我们分手了，因为他嗜奶酪如命！

许多人反对这种机器算法。他们认为，如果你看到的内容都是喜欢的，那么你接触新观点、新知识的机会就变少了。

芬兰发明了一种泡泡糖口味的奶酪。

并且，如果你习惯了阅读相似的内容，就会慢慢失去质疑的能力，甚至很有可能被虚假信息迷惑。

亚马孙雨林惊现奶酪树！

科学家证实，荷兰干酪有辐射。

打破这一算法，会让你接收到更广泛的信息。你可以尝试点击从未点过的链接，搜索从未搜索过的内容，以此来打破你的过滤气泡。

77 当你读到这行文字时,

3,000 多万封电子邮件正在传送。

全球大约有 40 亿网民,互联网每天都在处理着量级巨大的数据。下面是 10 秒钟之内发生的事情。

超过 250,000G 的数据被接收。

相当于储存了 77,500,000 张照片。

3,000 万封电子邮件正在传送,

其中 2000 万封是垃圾邮件。

将近 100 个新网站被创建。

被观看的视频时长累计有 120,000 小时。

搜索引擎上有超过 650,000 次搜索。

78 只需要四种颜色,

就能给地图上色。

1852 年,数学家弗兰西斯·格斯里发现,只需要四种颜色,就可以填充英国的地图,且相邻区域的颜色不会相同。于是他想知道,是否任何一张地图,都可以只用四种颜色填充。

1976 年,终于有数学家证明格斯里的想法是正确的。现在,人们把这个定理称作四色定理。

这一定理适用于所有地图和被随机分成许多区域的图片。

这也是首个用计算机证明的定理。为了证明这个定理,当时的计算机花了 1,000 小时来运算所需的全部公式。

79 数字对人类而言有重要意义，

因为它能预测未来。

收集当前的天气数据，可以帮助我们预测未来的天气变化。这样，人们就可以针对龙卷风、洪水这样的自然灾害做好准备，减小受灾面积，减少人员、财产的损失。

人造卫星和气象气球都可以用于记录天气状况。

这些设备可以测量温度、风速、风向、云量、紫外线强度、降雨量、气压和湿度等。

人造卫星

气象气球

超级计算机会把测量到的所有天气数据都结合起来进行分析。

风速计

雨量器

海洋浮标

气象科学家将靠近地面的大气层，也就是对流层，划分为许多个 3D 方格。

超级计算机会记录每个方格中的天气，并计算出它们对周围方格可能产生的影响。

天气预报：3 天后将会有龙卷风！

超级计算机每秒可以运算多达 300 万亿个算式。但因为算式中的变量太多了，所以只能预测未来 10 天内的天气变化。

80 人和人之间有特别的关系，

数和数之间也有相似的关系。

古希腊数学家曾发现一组独特的数字——220 和 284，他们将这组数字叫作亲和数。那时的人们喜欢用这组数字来表达爱慕之情。

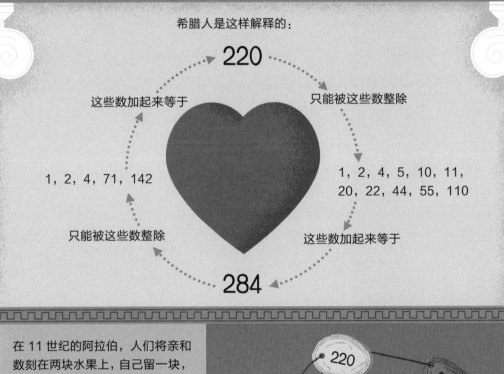

希腊人是这样解释的：

220

这些数加起来等于

只能被这些数整除

1，2，4，71，142

1，2，4，5，10，11，20，22，44，55，110

只能被这些数整除

这些数加起来等于

284

在 11 世纪的阿拉伯，人们将亲和数刻在两块水果上，自己留一块，送给心上人一块。

220

284

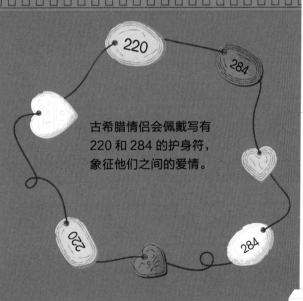

古希腊情侣会佩戴写有 220 和 284 的护身符，象征他们之间的爱情。

亲和数有很多，220 和 284 是最小的一组。第二组亲和数直到 1,000 多年以后才被发现，它们是 17,296 和 18,416。

81 用量子比特存储数据，

可以创造出世界上最强大的计算机。

计算机科学家相信，他们可以创造出比现有计算机功能强大很多的新式计算机，关键在于计算机如何储存和处理信息。普通计算机以比特为单位储存信息，而这种新型计算机以量子比特为单位。

> 大多数计算机的数据存储在数以百万计的晶体管中。无论何时，这些晶体管只有两种状态——"开"或"关"。

> "开"和"关"分别用1和0表示。一个1或0，叫作1比特。

量子比特也可以表示为 1 或 0，但不同之处在于，它还可以同时表示 1 和 0。

> 怎么同时表示呢?

①

量子计算机的基本单位是量子比特，它利用量子的性质进行计算。量子计算机不使用晶体管。

1 0

③

旋转方式只是量子比特的一个特性。量子计算机处理信息的数量，要远远大于计算机和智能手机。

②

量子的运动方式与宏观世界的物质的运动方式不同。比如，它们一次可以朝两个方向旋转，这样一个量子比特就可以同时处理多个信息碎片。

超低温度……

是掌握"量子霸权"的关键。

全球的科学家都在努力研制量子计算机，因为它们比普通计算机厉害得多。
一旦实现这一目标，就能获得所谓的"量子霸权"。

加拿大温哥华的物理学家认为他们已经找到了方法。

他们搭建了包含许多制冷设备的模型，创建了一个 D-Wave 2000Q™ 系统，能将计算机的温度冷却至零下 273℃。

在超低温的条件下，量子更容易表现出它的特性。

太冷了，这台计算机一定是宇宙中温度最低的物体，比外太空的温度都低。

这台计算机的大脑其实就是底部的一个小芯片。小芯片里有 2,000 量子比特。从理论上来说，它可以比现有计算机处理数据的速度快几十亿倍。

83 牛顿说，

微积分是他发明的。

微积分是数学的一个分支，它是 17 世纪最伟大的发明之一。英国人认为，
牛顿是首位提出微积分概念的科学家，他把微积分叫作"流数术"。

1642 年
牛顿出生于英国英格兰林肯郡。

1665 年
牛顿首次记录下有关"流数"的笔记。

1666—1675 年
牛顿与德国数学家莱布尼茨互寄信件，沟通思想。

1671 年
牛顿完成了一本有关流数的书，但没有出版。

微积分是什么？

数学家们用微积分来描述事物在一段时间内的变化方式或运动方式，例如炮弹的飞行轨迹，或一年内超市中食物价格的变化。

数学家利用微积分来绘制图形，用一条线来表示变化趋势。微积分还可以用来计算曲线围成的图形的面积。

1687 年
牛顿出版了他最伟大的作品《数学原理》。这本书简略地提到了流数。

1693 年
牛顿终于将他关于流数的笔记出版，这么做也是为了证明他是第一个提出这一思想的人。

84 莱布尼茨说，

微积分是他发明的。

"微积分"这个词，是德国数学家莱布尼茨确定的。他关于微积分的很多研究成果，直到今天仍在被沿用。然而，在莱布尼茨的一生中，他的很多竞争对手都在指责他窃取了牛顿的思想。

1666—1675 年
莱布尼茨与牛顿通过信件往来沟通思想，交流观点。

1672 年
莱布尼茨搬到法国巴黎，去学习当时的前沿数学。

1646 年
莱布尼茨出生于神圣罗马帝国（今德国）莱比锡。

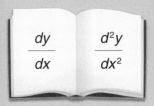

1675 年
莱布尼茨写下有关微积分的基础笔记，包括用字母和数字记录的方法。

1677 年
莱布尼茨在一封私人信件中，与牛顿分享他的想法。

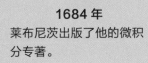

1684 年
莱布尼茨出版了他的微积分专著。

17 世纪 90 年代
莱布尼茨坚称他没有依靠牛顿的帮助，微积分的思想是他独立研究出来的。从此，微积分这个名字和莱布尼茨的记录方法成为数学界的标准。

1715 年
英国皇家学院官方认证牛顿为微积分的发明者。

今天
历史学家认为，微积分的思想是由牛顿首先提出的。但也有许多人坚持认为，莱布尼茨关于微积分的观点是由他独立提出的。

85 天花板上的苍蝇，

帮全世界的人们找到路。

17 世纪的一天，法国数学家笛卡尔躺在床上，发现天花板上有一只苍蝇。他开始思考描述苍蝇位置的最好方法。

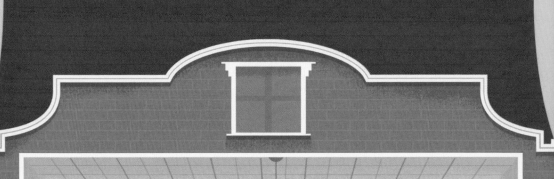

原点

1 据说，笛卡尔在天花板上选定了一个点，通过数苍蝇在这个原点上方多少格、旁边多少格来描述苍蝇的位置。

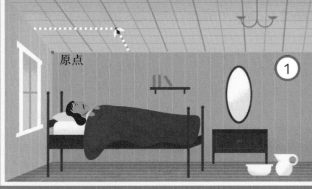

2 笛卡尔注意到，用两个数字就可以描述平面上任意一点的位置。于是，以笛卡尔命名的笛卡尔坐标系就这样诞生了。

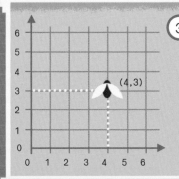

(4,3)

3 坐标系是一种用数学表示苍蝇位置的方式。

坐标（4,3）指的是在原点（0,0）右侧 4 格、上方 3 格的交点。

笛卡尔发明的这套坐标系统，至今仍然在世界各地被用于定位。

86 一幅奇怪的图，

阻止了洪水泛滥。

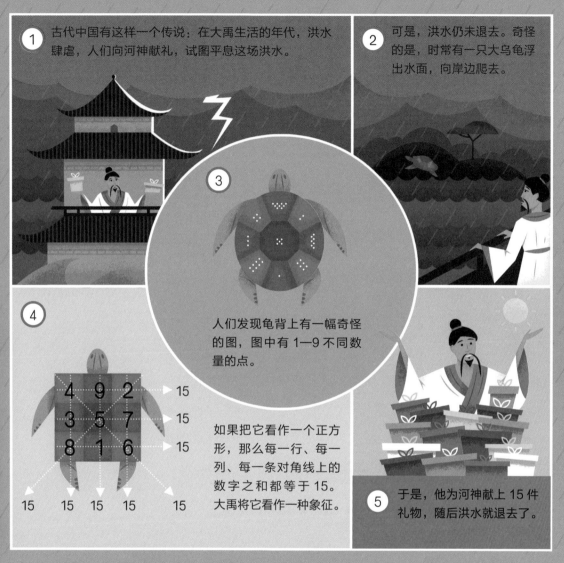

1 古代中国有这样一个传说：在大禹生活的年代，洪水肆虐，人们向河神献礼，试图平息这场洪水。

2 可是，洪水仍未退去。奇怪的是，时常有一只大乌龟浮出水面，向岸边爬去。

3 人们发现龟背上有一幅奇怪的图，图中有 1—9 不同数量的点。

4

4	9	2
3	5	7
8	1	6

15
15
15

15 15 15 15 15

如果把它看作一个正方形，那么每一行、每一列、每一条对角线上的数字之和都等于 15。大禹将它看作一种象征。

5 于是，他为河神献上 15 件礼物，随后洪水就退去了。

像这样的数字模型，就叫作幻方。
各国文化中，都有巧用幻方的设计和饰物。

18世纪印有阿拉伯数字的盘子

17世纪的希伯来饰物

20世纪西班牙教堂墙壁上刻的数字

1	14	14	4
11	7	6	9
8	10	10	5
13	2	3	15

87 现在的计算器，

比首次登月使用的计算机还厉害。

"阿波罗 11 号"宇宙飞船完成了史上首次登月活动，并成功返回地球。可是你也许不知道，我们今天使用的很多计算器，比当年飞船上的那台计算机还要厉害。

电子设备的处理能力指的是在一定时间内，它可以进行的运算数量。处理能力有两种测算方式。

$3+17\times8-4+26\div2\times148\cdots$

RAM

RAM 是随机存取存储器的简写，它表示计算机一次可以存储的数字数量。它的测量单位是兆字节（MB）。

MHz

MHz，又叫兆赫，是测量计算机运算速度的单位。

下面是四种不同设备的处理能力。蓝色方块组成的柱状图代表 RAM 值，刻度盘上显示的是速度值。

RAM值：0.004MB

RAM值：0.032MB

2MHz

6MHz

阿波罗导航计算机（1969年）

Ti-83科学计算器（1996年）

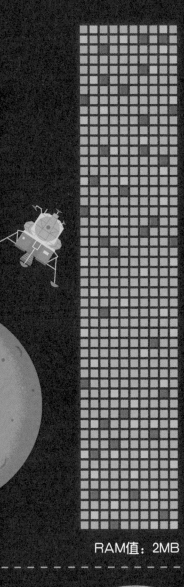

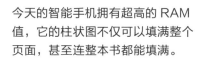

今天的智能手机拥有超高的 RAM 值，它的柱状图不仅可以填满整个页面，甚至连整本书都能填满。

RAM值：2MB

RAM值：2,000MB

34MHz

PS one游戏机（2000年）

1,850MHz

现代智能手机（2017年）

不是人类。

一半以上的网站访问者不是人类，而是机器人。这里说的机器人是一种软件，它能够自行运转，一遍又一遍地执行同一项任务。不同的机器人执行不同的任务，这些任务既有好的，也有坏的。

良性机器人

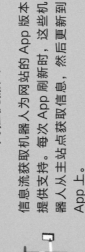

信息流获取机器人为网站的 App 版本提供支持。每次 App 刷新时，这些机器人从主站点获取信息，然后更新到App 上。

蜘蛛机器人系统性地浏览网站，帮助搜索引擎收集信息。

良性下载机器人在网站所有者允许的情况下，从网站中提取数据。例如，从相关网站整理航班信息。

健康检测机器人负责监控网站，确保网站正常运转。

恶性机器人

模仿机器人将自己伪装成人类或良性机器人，这样就不会被网络安全设置所拦截了。一旦这种机器人穿过防火墙，它们就能攻击网站，使网站瘫痪。

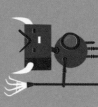

黑客机器人在互联网四处搜索，寻找网络安全的漏洞。一旦发现漏洞，它们就会在网站内植入代码，使网站瘫痪。

恶性下载机器人在未经网站所有者允许的情况下，从网站中盗取信息，然后发布在另一个网站上。

2016 年网站访问数据

48%
的访问者是人类。

23%
的访问者是良性机器人。

29%
的访问者是恶性机器人。

89 你可以把计算机……

穿在身上。

设计师设计出了一种新型服饰，这种服饰用"电子材质"制成，内置计算机，可以直接穿戴在身上。

来看看这场电子服装的走秀吧！

无人机 ·········▶

我的裙子通过无线设备和手机相连。当有电话打进来时，裙子上的蓝色图案就会亮起。

我是听障人士，这件循环音衬衫可以通过无线设备接收音乐信号，然后时而收紧，时而放松，时而震动，让我感受到音乐的律动。

嘀铃铃！

这枚戒指可以监测我的睡眠状况。

90 数字可以解释一切，
毕达哥拉斯这样说。

毕达哥拉斯是 2,500 年前古希腊的数学家、哲学家，他建立了一个学派。这个学派认为，宇宙万物，从音乐到几何，都可以用数字来解释。

毕达哥拉斯给数字赋予了特殊的意义——

1 万物之母，象征智慧。

2 产生区分，代表着意见，也象征女性。

3 万物的形体，象征男性。

4 象征公平。

5 象征婚姻。2+3=5，这代表女性和男性的结合。

在音乐方面，毕达哥拉斯发现了乐器弦长与旋律之间的关联。

他认为宇宙中各行星和地球之间距离的比例类似于琴弦弦长，正是这种比例创造出了各天体之间的和谐关系。

毕达哥拉斯最著名的就是发现了勾股定理，尽管他不是第一个发现的人。

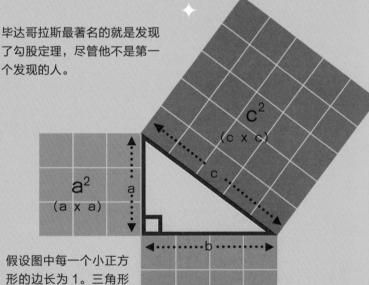

c^2
$(c \times c)$

a^2
$(a \times a)$

b^2
$(b \times b)$

假设图中每一个小正方形的边长为 1。三角形两条短边对应的正方形面积之和，等于长边对应的正方形面积。也就是，9+16=25。

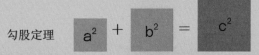

勾股定理　a^2 ＋ b^2 ＝ c^2

91 因为发现了新的数，

他竟遭到迫害。

传说，毕达哥拉斯的一位学生发现了一种数，这种数的写法和别的数都不一样。这使其他数学家非常恐慌，害怕以往建立的整套体系都被推翻，于是，他们狠心将这位学生从船上推了下去。

毕达哥拉斯相信，宇宙是由有理数构建的。
有理数是整数和分数的集合。

有理数

18　　$\dfrac{1}{3}$　　　$3\dfrac{1}{7}$　　2　　　　5　　76

$\dfrac{7}{10}$　　　　　　　$\dfrac{3}{4}$　　　　　　109

那位被淹死的数学家名叫希帕索斯，他发现了一种既不是整数，也不是分数的数字。

举例说，2的平方根，写作$\sqrt{2}$。这个数字乘以它自己等于2。这个数字是：

1.414213562373095048801688724209698078569671875376948073176679737990732478462107038850387 5…

它可以无限延续下去，且不会循环。

希帕索斯发现了不属于有理数的数，这使其他数学家感到焦虑和恐慌。今天，这些数被叫作无理数，也被称为无限不循环小数。

107

沙粒大小的计算机，

能测量眼球的压力。

美国密歇根州的计算机科学家发明了一台微型无线计算机，也叫"智能微尘"。
它只有一粒沙子那么大，可以放进人类的眼睛里。

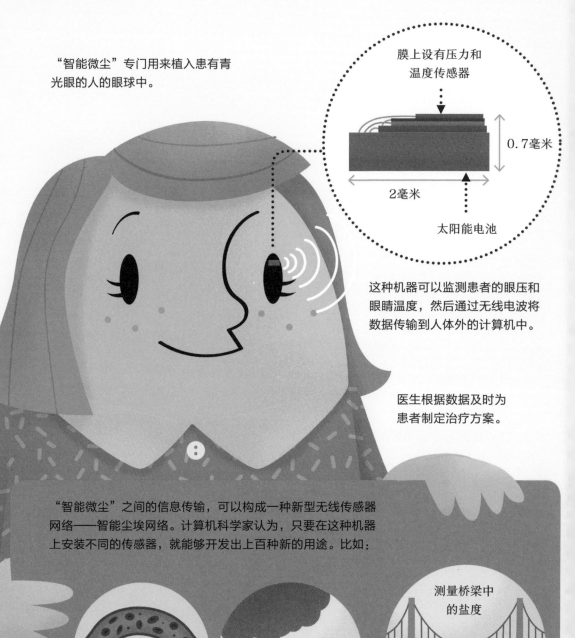

"智能微尘"专门用来植入患有青光眼的人的眼球中。

膜上设有压力和温度传感器

0.7毫米

2毫米

太阳能电池

这种机器可以监测患者的眼压和眼睛温度，然后通过无线电波将数据传输到人体外的计算机中。

医生根据数据及时为患者制定治疗方案。

"智能微尘"之间的信息传输，可以构成一种新型无线传感器网络——智能尘埃网络。计算机科学家认为，只要在这种机器上安装不同的传感器，就能够开发出上百种新的用途。比如：

发现血液中的化学物质

检测空气污染

测量桥梁中的盐度

（盐度高的混凝土造出的桥梁有安全隐患。）

93 星等的数值越小,

星星反而越亮。

负数常用于描述刻度上与正值相反的情况。例如,如果海拔是负值,那么对应的高度就是海平面以下,与海拔为正的情况相反。然而,就星星的亮度而言,星等的值越小,对应星星的亮度反而越高。

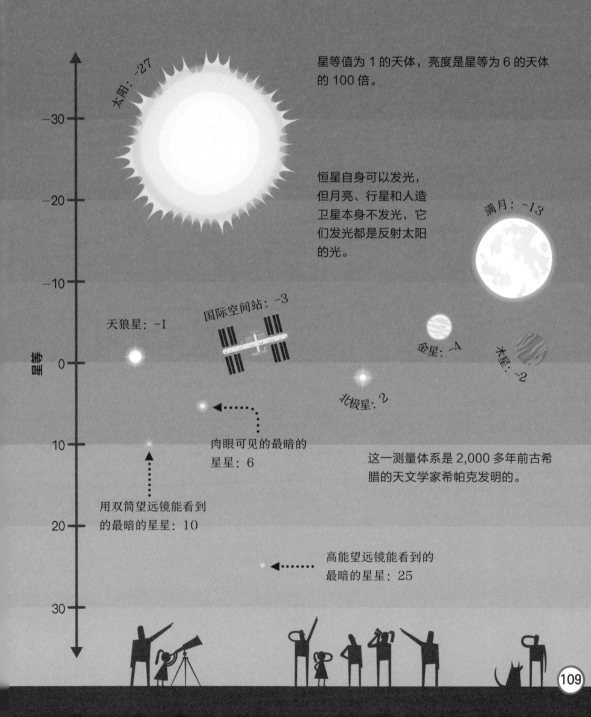

星等值为 1 的天体,亮度是星等为 6 的天体的 100 倍。

恒星自身可以发光,但月亮、行星和人造卫星本身不发光,它们发光都是反射太阳的光。

太阳: -27

满月: -13

天狼星: -1

国际空间站: -3

金星: -4

木星: -2

北极星: 2

肉眼可见的最暗的星星: 6

这一测量体系是 2,000 多年前古希腊的天文学家希帕克发明的。

用双筒望远镜能看到的最暗的星星: 10

高能望远镜能看到的最暗的星星: 25

星等

-30
-20
-10
0
10
20
30

94 破解世界七大数字难题，

百万奖金等着你。

2000 年，一个国际数学组织公布了世界七大数学难题，这些难题又被称为"千禧年大奖难题"。解开其中的任何一道难题，就可以得到 100 万美元奖金。

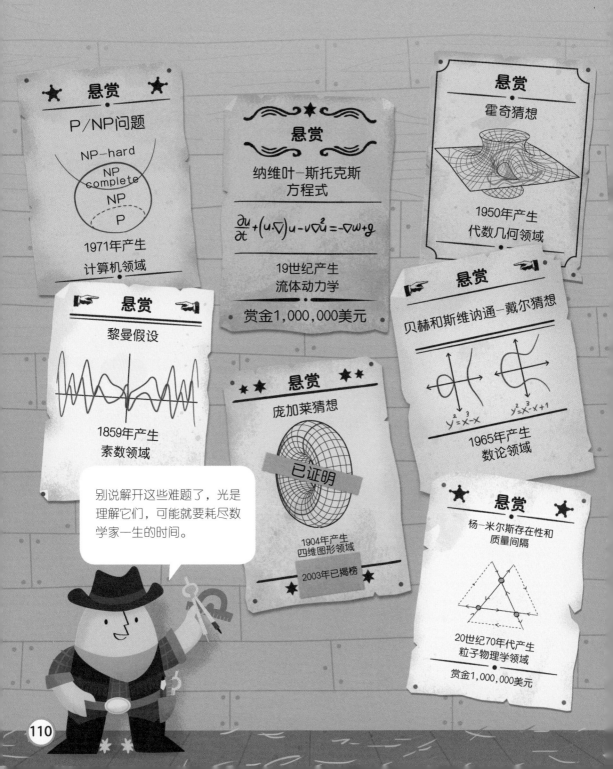

★ 悬赏 ★

P/NP问题

NP-hard

NP complete

NP

P

1971年产生
计算机领域

悬赏

纳维叶-斯托克斯
方程式

$$\frac{\partial u}{\partial t} + (u \cdot \nabla) u - \nu \nabla^2 u = -\nabla w + g$$

19世纪产生
流体动力学

赏金1,000,000美元

悬赏

霍奇猜想

1950年产生
代数几何领域

悬赏

黎曼假设

1859年产生
素数领域

★★ 悬赏 ★★

庞加莱猜想

已证明

1904年产生
四维图形领域

2003年已揭榜

悬赏

贝赫和斯维讷通-戴尔猜想

$y^2 = x^3 - x$ $y^2 = x^3 - x + 1$

1965年产生
数论领域

★ 悬赏 ★

杨-米尔斯存在性和
质量间隔

20世纪70年代产生
粒子物理学领域

赏金1,000,000美元

别说解开这些难题了，光是理解它们，可能就要耗尽数学家一生的时间。

95 解开一道数学难题，

可能让盗窃者有机可乘。

每当人们使用信用卡在网上购物时，支付信息会被进行加密处理，以防止被他人非法窃取或篡改。但是，如果有人破解了千禧年大奖难题中的 P/NP 问题，信用卡可能就没那么安全了。

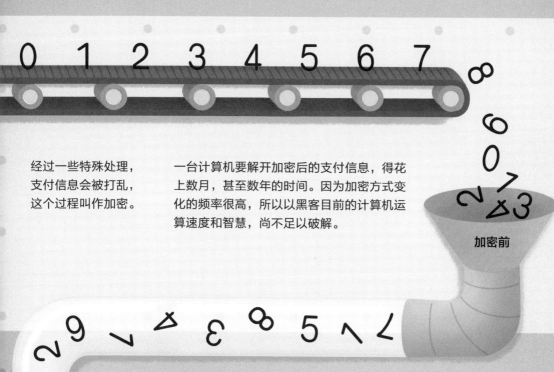

经过一些特殊处理，支付信息会被打乱，这个过程叫作加密。

一台计算机要解开加密后的支付信息，得花上数月，甚至数年的时间。因为加密方式变化的频率很高，所以以黑客目前的计算机运算速度和智慧，尚不足以破解。

加密前

加密后

但是，数学家正在破解 P/NP 问题，这也许会不经意间为黑客打开一扇门，让他们更快速地创建解密程序。

这种情况一旦发生，网络安全将荡然无存。

为了以防万一，人们已经开始寻找保护信用卡的新方法。

96 网络摄像头的发明，

是为了观察一壶咖啡。

1991 年，英国剑桥大学的计算机科学家遇到了一个问题：他们想喝杯咖啡时，走到厨房才发现咖啡壶已经空了。于是他们想出了一个办法，这个办法助推了网络摄像头的诞生。

xcoffee

那时还没有互联网，计算机科学家昆汀·斯坦福 – 弗雷泽和保罗·约迪特茨基用一台照相机对准咖啡壶，然后编写了一个能把照片传送到内部网络的程序。

照相机每隔 2 秒会拍摄一张照片，照片通过 xcoffee 这个程序传送到内部网络，这样，办公楼里的每一个人就都能实时看到咖啡壶里有没有咖啡了。

1993 年，人们安装了一台摄像机，这台摄像机可以通过网络为人们播放咖啡壶的实况，真正意义上的网络摄像头就此诞生。直到 2001 年，这个摄像头才被关掉，那时世界上已经有成千上万的人观看过"咖啡壶"直播了。

有些数字是想象出来的，

但在现实世界却有重要的意义。

16 世纪以前，数学家已经可以解出这样的方程：如果 $X^2=9$（X 的平方，或者说 X 乘以它自己等于 9），那么 $X=\sqrt{9}$（X 是 9 的平方根），所以 X=3 或者 X=-3。但数学家没有办法算出 $X^2=-9$ 的答案。两个相同的数字相乘，怎么可能得出负数呢？这不合理，除非有一种新的数字出现。

1572 年，意大利工程师拉斐尔·邦贝利给出了一个新的运算规则。这个规则和当时已有的规则都不相符。

如果 $X^2 = -1$
那么 $X = \sqrt{-1}$

这种数字，自己和自己相乘的话，可以得到一个负数！

此后的几十年，没有人愿意接受这种新数字。

这样的数字完全是凭空想出来的！

直到 1637 年，法国数学家勒内·笛卡尔将这种数字命名为虚数。

这一叫法就这样固定了下来了。

1777 年，列奥纳多·欧拉提出，用符号 i 表示虚数。

一旦开始使用虚数 i，你就会发现，它太有用了！

$i \times i = -1$
$3i \times 2i = -6$

胡说！这不过就是个名字而已。

很快，数学家们发现，虚数能帮助他们解开复杂的算式。在桥梁设计、电路绘制等实际应用中，虚数也很有帮助。

98 有一台计算机，

完全依靠水流运行。

1936 年，苏联工程师弗拉基米尔·卢基亚诺夫制造了一台能计算复杂算式的计算机。这台计算机并不像今天的计算机那样用电驱动，而是依靠水流穿过成百上千个玻璃管来获得能量。

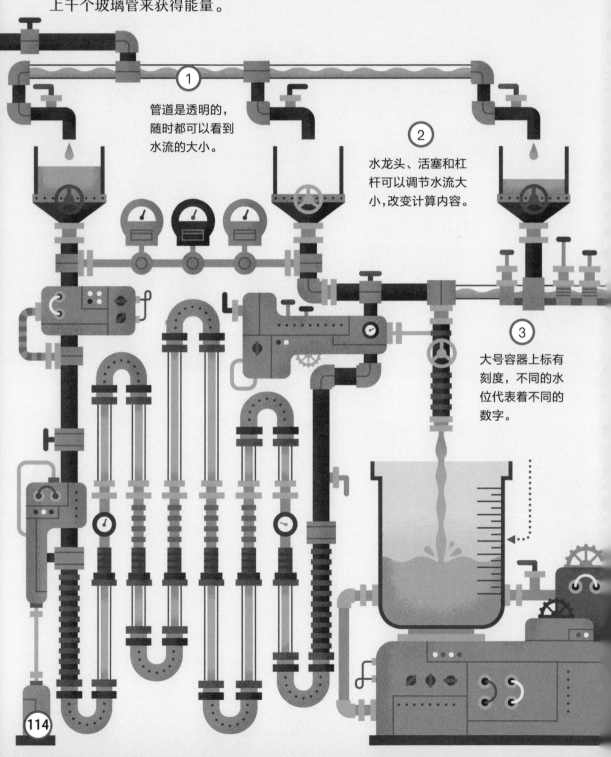

① 管道是透明的，随时都可以看到水流的大小。

② 水龙头、活塞和杠杆可以调节水流大小，改变计算内容。

③ 大号容器上标有刻度，不同的水位代表着不同的数字。

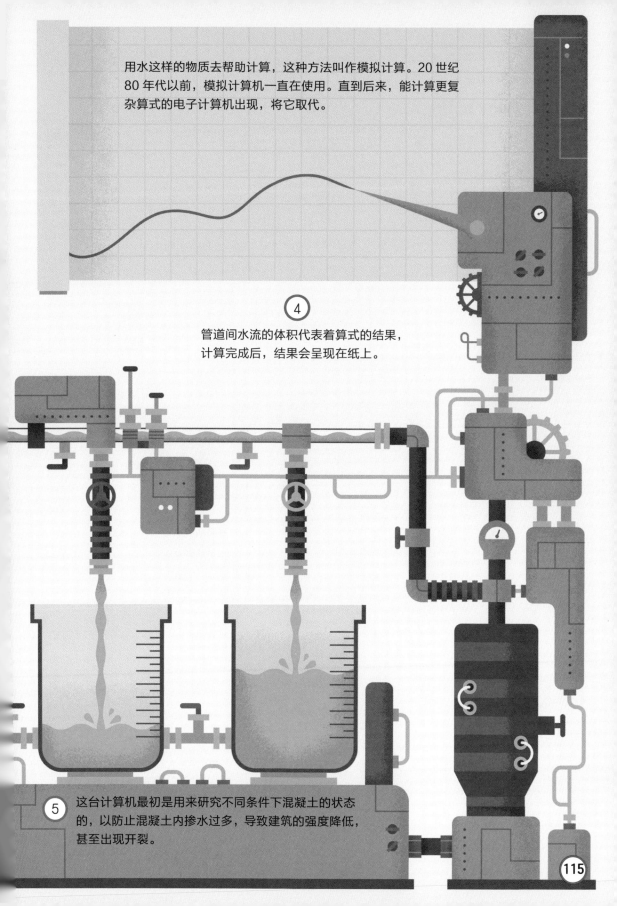

用水这样的物质去帮助计算，这种方法叫作模拟计算。20世纪80年代以前，模拟计算机一直在使用。直到后来，能计算更复杂算式的电子计算机出现，将它取代。

④ 管道间水流的体积代表着算式的结果，计算完成后，结果会呈现在纸上。

⑤ 这台计算机最初是用来研究不同条件下混凝土的状态的，以防止混凝土内掺水过多，导致建筑的强度降低，甚至出现开裂。

99 "蓝牙"这个名字，

来源于一位丹麦国王。

蓝牙技术是一种无线通信技术，可以实现计算机、移动电话等众多电子设备之间短距离的数据交换，比如传输照片、音乐和视频。"蓝牙"这个名称来自10世纪的一位丹麦国王——哈拉尔德·"蓝牙"·戈尔姆森。

哈拉尔德国王将不同地区的部落统一为一个国家，也就是现在的丹麦，从此闻名于世。

没有人真正知道国王的昵称"蓝牙"是怎么来的。坊间流传着一个传说，国王很爱吃蓝莓，他的牙齿被染成了蓝色。

在古丹麦语，或者说如尼文中，哈拉尔德名字的首字母是这样写的：

蓝牙技术可以将不同的设备连接起来，而哈拉尔德国王也将不同地区的人们聚集在一起。这项技术的发明者注意到两者之间的相似性，因此用国王的名字来给这项技术命名。

蓝牙技术的标志也来自哈拉尔德名字首字母的结合：

在互联网上被遗忘……

是不是一种合法权益呢？

每天，几十亿人都在使用互联网，但互联网不属于任何人，也不受任何人控制。也就是说，互联网的规则由所有的参与者来制定。那么在上网时，什么可以做，什么不能做等一些问题就值得每一个人去思考。

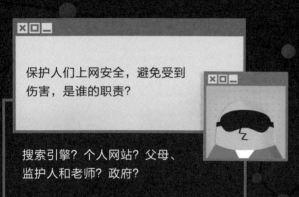

保护人们上网安全，避免受到伤害，是谁的职责？

搜索引擎？个人网站？父母、监护人和老师？政府？

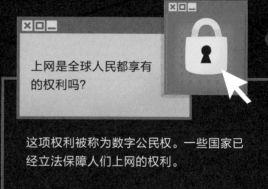

上网是全球人民都享有的权利吗？

这项权利被称为数字公民权。一些国家已经立法保障人们上网的权利。

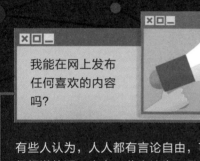

我能在网上发布任何喜欢的内容吗？

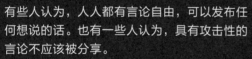

有些人认为，人人都有言论自由，可以发布任何想说的话。也有一些人认为，具有攻击性的言论不应该被分享。

互联网被监管了吗？

没有。但许多网站会被定期检查，那些有攻击性或违法的内容会被删除。

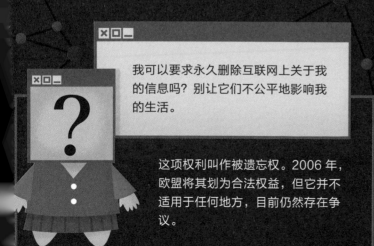

我可以要求永久删除互联网上关于我的信息吗？别让它们不公平地影响我的生活。

这项权利叫作被遗忘权。2006 年，欧盟将其划为合法权益，但它并不适用于任何地方，目前仍然存在争议。

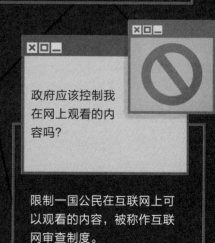

政府应该控制我在网上观看的内容吗？

限制一国公民在互联网上可以观看的内容，被称作互联网审查制度。

时间线

2,500 年前
古希腊学者毕达哥拉斯建立了毕达哥拉斯派。

2,300 年前
古巴比伦人借助数字 0 来描述大数。

2,200 年前
古希腊战士用密码棒来传速加密军事信息。

1,400 年前
印度数学家婆罗摩笈多首次将 0 定义为数字。

1873 年
打字机制造商发明了一个全新的键盘排列方式：QWERTY 键盘。

1843 年
英国伯爵夫人艾达·洛夫莱斯用穿孔卡片编写出第一个计算机程序。

1792 年
法国测量员测量了从北极到赤道的距离，定义了一种新的度量单位——米。

17 世纪 70 年代
科学家艾萨克·牛顿和数学家戈特弗里德·莱布尼茨发明了微积分。

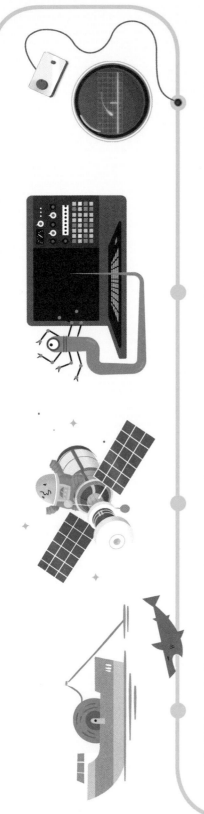

1958 年

玩家们畅玩首个双人电子计算机游戏。

1971 年

世界首例计算机病毒通过阿帕网被释放出来，随后被修复。

1980 年

人造地球卫星帮助设立全球定位系统——GPS。

20 世纪 80 年代

第一条海底互联网光缆铺设完成。

1991 年

英国计算机科学家蒂姆·伯纳斯－李发明了万维网。

2000 年

解开"千禧年大奖难题"中的任意一道，就可以获得 1,000,000 美元。

2008 年

在 2008 年 8 月 8 日，中国有 300,000 对新人喜结连理。

2009 年

加密货币诞生了。

术语表

包： 在包交换网络里，单个消息被划分为多个数据块，这些数据块称为包，它包含发送者和接收者的地址信息。这些包之后沿着不同的路径在一个或多个网络中传输，并且在目的地重新组合。

悖论： 逻辑学上指可以同时推导或证明两个互相矛盾的命题的命题或理论体系。

比特： 英语 bit 的音译。信息单元的计量单位。数字通信中，二进制数字以 0 和 1 码传输各种信息，每传输一个二进制数字，就是 1 比特。

编译程序： 计算机系统程序的一种。其职能是把某高级程序设计语言编写的程序编译成计算机能执行的程序，或是先编译成汇编语言，再通过汇编程序转换成计算机指令。

编译器： 在程序运行前，将高级语言编写的程序转换成低级语言的计算机软件。

超级计算机： 主要用于科学与工程计算应用的高性能计算机。

程序： 为使电子计算机执行一项或多项操作，或执行某一任务，按序设计的计算机指令的集合。

传染病暴发： 某地区某病在短时间内发病数突然增多的现象。

代码： 表示信息的符号组合。如电子计算机

中，所有输入（如数据、程序等）都要化成机器能识别的二进制代码，这种数码便是代码。

等式： 表示两个量或两个表达式相等关系的式子。

电子： 最早发现的粒子。1987 年英国物理学家约瑟夫·约翰·汤姆孙在研究阴极射线时发现。一切原子都由一个带正电的原子核和围绕它运动的若干电子组成。电子的定向运动形成电流。

电子计算机： 简称"计算机"，俗称"电脑"。一种用电子技术实现数学运算的计算工具。按运算对象（数字或模拟信号），分数字计算机、模拟计算机和混合计算机三种。通常所称的电子计算机指数字计算机。

电子邮件地址： 在因特网上发送和接收电子邮件的地址。是电子邮件服务机构为用户分配的存放邮件的磁盘存储区域。其名称由用户登录名和电子邮件服务机构计算机的域名两部分构成，中间以符号"@"连接。

定理： 已经证明具有正确性、可以作为原则或规律的命题或公式，如几何定理。

二进制代码： 只采用两种不同字符（通常为"0"和"1"）的代码。

方程： 指含有未知数的等式。是表示两个数

学式（如两个数、函数、量、运算）之间相等关系的一种等式，使等式成立的未知数的值称为"解"或"根"。

概率：某种事件在同一条件下可能发生也可能不发生，表示发生的可能性大小的量叫作概率。

光速：光波传播的速度，在真空中每秒约 30 万千米，在空气中也与这个数值相近。

光子：粒子的一种。是光（电磁辐射）的能量量子。稳定，不带电。

黑客：英语 hacker 的音译。原指热衷于研究计算机技术、水平高超的计算机专家，尤其是擅长程序设计的专才。现泛指一些利用自己在计算机方面的技术特长，在未经授权的情况下非法访问或破坏计算机文件、入侵攻击网络的人。

互联网：泛指由多个计算机网络相互连接而成一个大型网络。在功能和逻辑上均超过了原先的子网，因特网是最大的互联网。

机器语言：计算机直接使用的程序设计语言或指令代码。不需翻译就可直接被机器所识别接受。同一种操作（如加法操作），在不同机器中可具有不同的代码形式。

几何学：研究空间和图形性质的一门数学分科。

计算机病毒：简称"病毒"。一种隐藏在计算机系统所存取的信息资源中，能利用系统信息资源进行繁殖并生存，影响计算机系统正确运行，通过系统信息共享的途径进行传播的可执行的编码集合。一般是人蓄意设计的一种破坏性程序。

技术奇点：是一个根据技术发展史总结出的观点，认为未来将要发生一件不可避免的事件：技术发展将会在很短的时间内发生极大的接近于无限的进步。一般设想技术奇点由超越现今人类而且可以自我进化的机器智能或者其他形式的超级智能的出现所引发。由于其智能远超今天的人类，因此技术的发展会完全超乎全人类的理解能力，甚至无法预警其发生。

加密：给有关信息设置密码，使不掌握密码的人无法读取使用，达到保密目的。

加密货币：一种使用密码学原理来确保交易安全及控制交易单位创造的交易媒介。 加密货币是数字货币（或称虚拟货币）的一种 。

晶体管：一种具有三个电极，可用作放大、振荡或开关等的半导体器件。

控制流：在程序执行期间参与处理机分配并被调度与执行的基本单位。

米：长度单位，符号 m。

密码： 按特定法则编成，用以对通信双方的信息进行明密变换的符号。将明信息变换为密信息称为加密；将密信息变换为明信息称为解密。

模糊逻辑： 现代逻辑的一个分支。在现实世界中许多问题的界限是不清晰的甚至是很模糊的，如"高个子的男子"，多高才算高个子，并没有一个确切的数字。人们为了实际的目的，需研究这些不清晰的、模糊的问题，使其清晰化，以获得有用的结果。这一研究中所使用的逻辑叫作"模糊逻辑"。

莫尔斯： 美国发明家，电报发明者。原攻美术，1832 年起从事电报机的创造。1837 年在纽约展示他制成的电磁式电报机；经改进后的电报机被各国普遍采用。所编的莫尔斯电码在电报事业中普遍应用。

平方根： 又叫二次方根，表示为"$\pm\sqrt{}$"。一个正数有两个实平方根，它们互为相反数，负数没有平方根，0 的平方根是 0。

气象气球： 是目前高空观测中使用的主要工具，与其他升空器具（火箭、卫星等）相比，具有不需要动力、花费少、使用方便的特点。

人工智能： 认知科学的分支。研究用机器（主要指计算机）模拟类似于人类的某些智能活动和功能的学科。

软件： 亦称"程序系统""软设备"。管理计算机系统资源，提高计算机使用效率，扩展计算机功能，提供应用开发工具的程序的总称，如程序库、编译程序，操作系统等。

数据库： 存放在计算机存储器中，按一定格式事先编就的相互关联的数据集合。

数列： 按照一定次序排列的一列数，如 3，9，27，81 等。数列的项数是有限的称为有限数列，项数是无限的称为无限数列。

搜索引擎： 万维网环境中的信息检索系统。

随机存取存储器： 是与 CPU 直接交换数据的内部存储器。它可以随时读写（刷新时除外），而且速度很快，通常作为操作系统或其他正在运行中的程序的临时数据存储介质。

网络摄像头： 是一种结合传统摄像机与网络技术而产生的新一代摄像机。

微积分： 研究函数的导数、积分及其应用的一门数学分科。求曲线在一点的切线，求运动物体在某一时刻的瞬时速度等是导数的典型问题；求曲线的弧长、图形的面积和体积等，是积分的典型问题。

维： 几何学及空间理论的基本概念。构成空间的每一个因素（如长、宽、高）叫作一维，如直线是一维的，平面是二维的，普通空间是三维的。也叫作维度。

无理数： 不循环的无限小数。

无穷大： 一个变量在变化过程中，绝对值永远大于任意大的已定整数，这个变量叫作无穷大，用符号 ∞ 表示。

像素： 数字图像的基本单元。一幅数字图像可以看作是一个矩阵，矩阵的行列相当于数字图像中点的位置，而该矩阵中各元素的值相当于该点图像的灰度等级。作为数字阵列的各个元素（即像素）的数目越多，就越能呈现出图像的细节，画面也就越清晰。

小数： 形式上不带分母的十进制分数，是十进制分数的特殊表现形式。在小数中，符号"."叫作小数点，小数点左边的数是整数部分，右边的数是小数部分。

芯片： 指包含有许多条门电路的集成电路。体积小，耗电少，成本低，速度快，广泛应用在计算机、通信设备、机器人或家用电器设备等方面。

星等： 表示天体相对亮度强弱的等级。天体越亮，星等的数值越小。

虚数： 虚假的不实在的数字。

硬件： 亦称"硬设备"。整个计算机系统的物理装置。即由电气、机械及其他器件所组成的所有部件和实体的统称。

有理数： 正整数、负整数、正分数、负分数以及零，统称为有理数。

整数： 正整数（1，2，3，4…）、负整数（-1，-2，-3，-4…）和零的统称。

质数： 也叫素数。在大于1的整数中，只能被1和这个数本身整除的数，如2，3，5，7，11。

字节： 指一小组相邻的二进制数。通常是8位（也有4位或6位）作为一个字节。是构成信息的一个小单位，有时也可作为一个整体参加操作。

坐标： 确定平面上或空间中一点位置的一组有序数。

索引

桂图登字：20-2019-077

100 Things to Know about Numbers, Computers & Coding
Copyright © 2020 Usborne Publishing Ltd.
Batch no: 04788/15
First published in 2018 by Usborne Publishing Ltd., England

图书在版编目（CIP）数据

关于数字，你要知道的 100 件事 / 英国尤斯伯恩出版公司
编著；谢沐译 . — 南宁：接力出版社，2020.10
（少年科学院）
ISBN 978-7-5448-6738-2

Ⅰ . ①关… Ⅱ . ①英… ②谢… Ⅲ . ①电子计算机－少
年读物 Ⅳ . ① TP3-49

中国版本图书馆 CIP 数据核字（2020）第 112816 号

责任编辑：李 杨 文字编辑：杨 雪 美术编辑：张 喆
责任校对：张琦锋 责任监印：陈嘉智 版权联络：闫安琪
社长：黄 俭 总编辑：白 冰
出版发行：接力出版社 社址：广西南宁市园湖南路9号 邮编：530022
电话：010-65546561（发行部） 传真：010-65545210（发行部）
http://www.jielibj.com E-mail:jieli@jielibook.com
印制：鹤山雅图仕印刷有限公司 开本：710毫米×1000毫米 1/16
印张：8.5 字数：120千字
版次：2020年10月第1版 印次：2021年5月第2次印刷
印数：10 001—20 000册 定价：68.00元

本书中的所有图片由原出版公司提供
审图号：GS（2020）3887号

读完这本书，你收获了什么呢？

数字和我们的生活息息相关，

数字和大自然也有神秘的联系，

数字甚至与人类文明的发展和科技的变迁也密切相关。

你还了解哪些关于数字的有趣知识呢？

和朋友们分享一下吧。

一支专业团队通力合作，

才挖出了 100 件出人意料的事。

内容创作

艾丽斯·詹姆斯

埃迪·雷诺兹

米娜·莱西

罗斯·霍尔

亚历克斯·弗里斯

版式设计

伦卡·赫霍娃

弗雷娅·哈里森

蒂莉·基奇

珍妮·奥夫利

统筹编辑

露丝·布鲁克赫斯特

统筹设计

斯蒂芬·蒙克里夫

插画绘者

费德里科·马里亚尼

帕克·波罗

肖·尼尔森

顾问专家

牛津大学教授乔纳森·琼斯

本书中文版内容由新加坡国立大学博士研究员张少博审订。